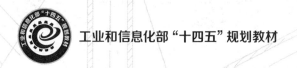

工业和信息化部"十四五"规划教材

职业教育机电类
系列教材

精密检测技术及应用

微课版

苗盈 胡海涛 薛庆红 / 主编

缪小梅 许岚 / 副主编

U0381730

ELECTROMECHANICAL

人民邮电出版社
北京

图书在版编目（CIP）数据

精密检测技术及应用：微课版 / 苗盈，胡海涛，薛
庆红主编. -- 北京 ：人民邮电出版社，2024.6
职业教育机电类系列教材
ISBN 978-7-115-63950-9

Ⅰ. ①精… Ⅱ. ①苗… ②胡… ③薛… Ⅲ. ①精密测
量－职业教育－教材 Ⅳ. ①TG806

中国国家版本馆CIP数据核字(2024)第054838号

内 容 提 要

本书引入三坐标测量、光学影像测量等先进检测技术，选取典型零件作为项目载体，以典型零件的精密检测任务为引领，以实际检测工作任务为主线，有序组织教材内容。本书分为两个模块，共有5 个项目，每个项目又由多个任务构成。项目一、项目二和项目三介绍三坐标测量技术应用，基于三坐标测量的工作流程，介绍齿轮泵体、传动轴和叶轮等典型零件的三坐标测量方法；项目四和项目五介绍光学影像测量技术应用，以垫片零件和注塑件为载体分别介绍二维影像测量方法和三维扫描测量方法。

本书可作为职业院校精密检测相关课程的教材，也可作为检测技术人员的技术参考资料、培训用书或自学参考书。

◆ 主　　编　苗　盈　胡海涛　薛庆红
　　副 主 编　缪小梅　许　岚
　　责任编辑　刘晓东
　　责任印制　王　郁　陈　犇
◆ 人民邮电出版社出版发行　　北京市丰台区成寿寺路 11 号
　　邮编　100164　　电子邮件　315@ptpress.com.cn
　　网址　https://www.ptpress.com.cn
　　山东华立印务有限公司印刷
◆ 开本：787×1092　1/16
　　印张：11.25　　　　　　　　　　2024 年 6 月第 1 版
　　字数：263 千字　　　　　　　　2024 年 6 月山东第 1 次印刷

定价：49.80 元

读者服务热线：(010)81055256　　印装质量热线：(010)81055316
反盗版热线：(010)81055315
广告经营许可证：京东市监广登字 20170147 号

前　言

　　本书全面贯彻党的二十大精神，以社会主义核心价值观为引领，传承中华优秀传统文化，坚定文化自信，使内容更好地体现时代性、把握规律性、富于创造性。

　　精密检测可以对产品质量提供保障，是现代制造业生产中不可或缺的重要环节。随着现代制造业的发展，三坐标测量机、光学影像测量仪等精密检测设备已广泛应用于机械制造业、汽车工业、电子工业、航空航天工业和国防工业等，成为现代工业检测和质量控制不可或缺的测量设备，各行业对具备三坐标测量和光学影像测量知识及能力的高素质技能人才的需求也日益迫切。

　　本书根据精密检测设备的类型特点，设计了三坐标测量技术应用和光学影像测量技术应用两个模块。本书遵循"项目驱动、任务引领"的课程教学理念，每个模块都由若干检测项目组成。模块一有三个项目，主要介绍齿轮泵体、传动轴和叶轮等典型零件的三坐标测量方法；模块二有两个项目，以垫片零件和注塑件为载体分别介绍二维影像测量方法和三维扫描测量方法。本书融合了企业检测工程师的实际检测经验和高校教师相关课程的教学经验，以应用技术操作为重点，结合技术理论与实际操作，有助于读者掌握精密检测技术的基本知识及应用该技术的能力。本书具有以下特色。

　　1. 紧扣技术发展，突出技术应用。在内容选取上，本书对接产业发展趋势，融入了三坐标测量、光学影像测量等测量技术的新知识、新内容、新工艺，突出先进测量技术的应用，满足产业发展对精密检测技术人员的需求。

　　2. 基于工作过程，设计教材结构。本书以典型机械零件的检测为载体，按照零件检测的工作流程，设计教材结构，组织教学任务。通过对项目中涉及的重要知识点进行简单且系统的点拨，以及对与项目相关的实践经验技巧加以概括总结，强化读者对精密检测技术的理解和应用能力。

　　3. 校企双元合作，共同开发教材。本书编写团队由一线骨干教师和企业资深工程人员组成，技术能力强，经验丰富。卡尔蔡司（上海）管理有限公司的工程师张国蕾、陈彦新、胡永超、潘哲奇和周良峰，无锡灵恩机电设备有限公司的工程师娄德兴、从早祥和段从娟，为本书的编写提供了技术支持。此外，从早祥工程师还参与了三维扫描测量的操作视频拍摄。

　　本书由无锡职业技术学院苗盈、胡海涛、薛庆红担任主编，缪小梅、许岚担任副主编，全书由苗盈统稿。编者在编写本书过程中得到卡尔蔡司（上海）管理有限公司、无锡灵恩机电设备有限公司相关工程师的帮助，在此一并表示衷心的感谢！

　　由于编者水平有限，书中难免存在不足之处，恳请广大读者批评指正，提出宝贵意见。

编者

2024 年 4 月

目　录

模块一　三坐标测量技术应用

模块二　光学影像测量技术应用

模块一

三坐标测量技术应用

本模块以齿轮泵体零件、传动轴零件和叶轮零件为载体，介绍三坐标测量技术及其应用，如图1所示。

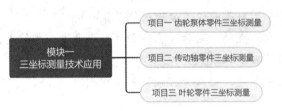

图1　模块一主要内容

项目一
齿轮泵体零件三坐标测量

知识目标

（1）能够阐述坐标测量的基本原理；

（2）能够阐述坐标测量机的机械结构及分类；

（3）能够识别标准球的倾斜角和旋转角；

（4）能够阐述探针系统的组成；

（5）能够阐述三坐标测量机的工作条件。

技能目标

（1）能够完成三坐标测量机的开机、关机操作；

（2）能够熟练校准主探针和星形探针；

（3）能够建立齿轮泵体零件的基础坐标系；

（4）能够为平面和圆柱元素设置合理的测量策略；

（5）能够评价距离、直径、同轴度、平面度、垂直度、平行度；

（6）能够正确设置安全五项；

（7）能够运行测量程序，完成齿轮泵体零件检测。

素养目标

（1）具备严谨、细致的工作态度；

（2）遵守三坐标测量机操作规程，按时清洁并保养设备。

【知识储备】

一、坐标测量的基本原理

三坐标测量机是现代制造业中广泛应用的几何量数字化测量设备，用于对加工出的工件进行测量，判断设计工件和加工工件两者之间的误差是否满足设计要求。坐标测量的基本原理如图 1-1 所示。首先，通过坐标测量机测头的移动来采集被测工件表面的一系列测量点，获取这些测量点的空间坐标值。其次，将这些测量点的坐标数值经过计算机处理，拟合形成几何元素，如平面、直线、圆、球、圆柱、圆锥、曲面等。最后，利用几何元素的特征，如圆的直径、圆心点、面的法矢、圆柱的轴线、圆锥的顶点等，可以计算这些几何元素之间的距离、角度和位置关系，通过理论值与实际值的比较进行几何公差的评价，判定加工工件是否合格，输出结果并进行后续处理。

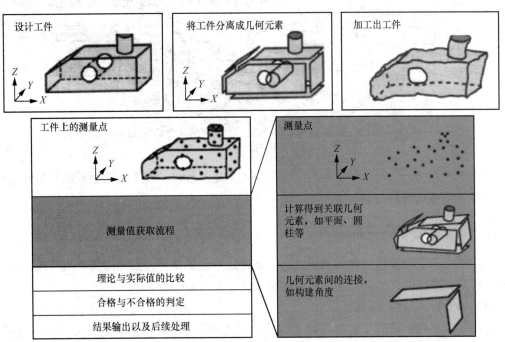

图 1-1　坐标测量的基本原理

手动测量与坐标测量的区别：手动测量工具（如卡尺、千分尺等类似的量具）均采用刻度尺，可直接读取测量值，如图 1-2（a）所示；而坐标测量机则会记录工件上的测量点，并通过计算机运算将这些测量点拟合得到几何元素，如图 1-2（b）所示。换句话说，坐标测量是基于坐标系中的点(x, y, z)工作的。对于测量来说，工件必须完成找正。几何元素和特性值在程序运行前必须定义好。

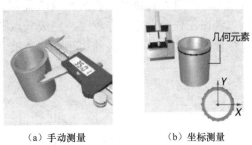

（a）手动测量　　　　（b）坐标测量

图 1-2　手动测量与坐标测量的区别

二、坐标测量机的机械结构及分类

三坐标测量机具有很高的测量精度以及较快的测量速度，被广泛应用于航空航天、汽车制造、轨道交通等领域的产品设计、制造、检测全过程。

三坐标测量机主机，即测量系统的机械主体，由桥架、滑架、探测系统、导轨、大理石平台、驱动系统、Z 轴及光栅系统、X 轴及光栅系统、Y 轴及光栅系统、库位更换架等组成，如图 1-3 所示。

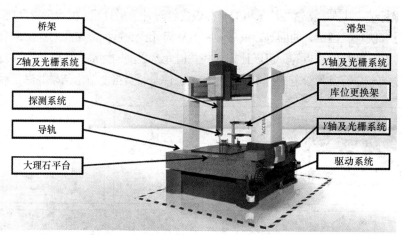

图 1-3 三坐标测量机的主机结构

根据结构形式，三坐标测量机主要分为直角坐标测量机（固定式测量系统）与非直角坐标测量机（便携式测量系统）。

（一）直角坐标测量机

常用的直角坐标测量机有移动桥式、固定桥式、水平悬臂式、龙门式 4 类结构，这 4 类结构都有互相垂直的 3 个轴及其导轨，坐标系属于正交坐标系。

（1）移动桥式结构测量机

移动桥式结构测量机（见图 1-4）由 4 个部分组成：工作台、桥架、滑架、Z 轴。桥架可以在工作台上沿着导轨做前后向平移，滑架可沿桥架上的导轨在水平方向移动，Z 轴可以在滑架上沿竖直方向移动。测头安装在 Z 轴下端，其随着 X 轴、Y 轴、Z 轴 3 个方向的平移接近安装在工作台上的工件表面，完成采点测量。移动桥式结构是目前应用最广泛的一类直角坐标测量机结构，也是目前中小型测量机主要采用的结构类型。

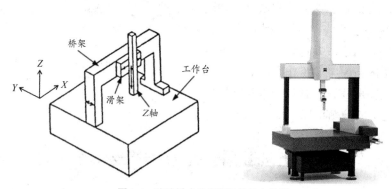

图 1-4 移动桥式结构测量机及实物图

优点：结构简单、紧凑，开敞性好，工件装载在工作台上，不影响测量机的运行速度，工件质量对测量机的动态性能没有影响，因此承载能力较大。移动桥式结构测量机本身具有台面，受地基影响相对较小。

缺点：桥架单边驱动，前后方向（Y 轴方向）光栅尺（也称光栅尺位移传感器，是利用光栅的光学原理工作的测量反馈装置）布置在工作台一侧，Y 轴方向有较大的阿贝臂（当标准量和被测量不在同一条直线上时，测量点和参考点间的距离称为阿贝臂），会引起较大的阿贝误差，即测量过程中由于计量尺的基准轴线与被测尺寸的测量轴线不平行而产生的误差。

（2）固定桥式结构测量机

固定桥式结构测量机（见图 1-5）由 4 个部分组成：基座台（含桥架）、移动工作台、滑架、Z轴。固定桥式结构测量机与移动桥式结构测量机类似，主要不同在于：移动桥式结构测量机中工作台固定不动，桥架在工作台上沿着导轨做前后向平移；而在固定桥式结构测量机中，移动工作台承担了前后移动的功能，桥架固定在机身中央不做运动。高精度测量机通常采用固定桥式结构。

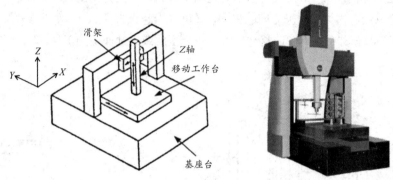

图 1-5　固定桥式结构测量机及实物图

优点：结构稳定，整机刚性强，中央驱动，偏摆小，光栅在工作台的中央，阿贝误差小，X 轴、Y 轴方向运动相互独立，相互影响小。

缺点：被测量对象由于放置在移动工作台上，降低了机器运动的加速度，承载能力较小；操作空间不如移动桥式的开阔。

（3）水平悬臂式结构测量机

水平悬臂式结构测量机（见图 1-6）由 3 个部分组成：工作台、立柱、水平悬臂。立柱可以沿着工作台上的导轨前后平移，立柱上的水平悬臂则可以沿垂直和水平两个方向平移，测头安装于水平悬臂的末端，测头随着水平悬臂在 3 个方向上的移动接近安装于工作台上的工件，完成采点测量。

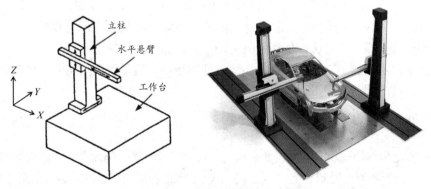

图 1-6　水平悬臂式结构测量机及实物图

水平悬臂式结构测量机在前后方向可以做得很长，目前行程可达 10m 以上，竖直方向即

Z 轴方向较高，整机开敞性比较好。水平悬臂式结构是汽车行业测量车身结构件及覆盖件焊接总成、发动机总成、转向器总成、变速器总成、前后桥和车架等的测量机最常用的结构之一。

优点：结构简单，开敞性好，测量范围大。

缺点：水平悬臂易变形，变形程度与臂长成正比，作用在悬臂上的载荷主要是悬臂和测头的自重；悬臂的伸出量还会引起立柱的变形；补偿计算比较复杂，因此水平悬臂的行程不能做得太大。

（4）龙门式结构测量机

龙门式结构测量机（见图1-7）在前后方向有两个平行的被立柱支撑在一定高度上的导轨，导轨上架着左右方向的横梁，横梁可以沿着这两个导轨做前后方向的移动，而 Z 轴则垂直加载在横梁上，既可以沿着横梁做水平方向的移动，又可以沿竖直方向移动。测头装载于 Z 轴下端，其随着 X 轴、Y 轴、Z 轴 3 个方向的移动接近安装于基座或者地面上的工件，完成采点测量。

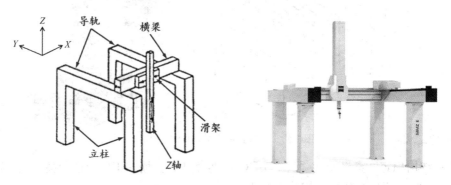

图 1-7 龙门式结构测量机及实物图

龙门式结构一般被大中型测量机所采用。地基一般与立柱和工作台相连，要求有较好的整体性和稳定性；立柱对操作空间的开阔性有一定的影响，但相对于桥式测量机的导轨在下、桥架在上的结构，移动部分的质量有所减小，有利于测量机精度及动态性能的提高。一般采用双光栅、双驱动等技术来提高精度。

优点：龙门式结构测量机的刚性要比水平悬臂式结构测量机的好，对于大尺寸测量而言具有更好的精度。龙门式结构测量机在前后方向上的行程最长可达数十米。

缺点：与移动桥式结构测量机相比，龙门式结构测量机结构更复杂，要求较好的地基。单边驱动时，前后方向（Y 轴方向）光栅尺布置在主导轨一侧，在 Y 轴方向有较大的阿贝臂，会引起较大的阿贝误差。所以，大型龙门式测量机多采用双光栅/双驱动模式，即在主导轨和副导轨上都布置光栅尺和电机，使测量机运动平稳，测量更加精准。

龙门式结构测量机是高精度测量大尺寸工件的首选，适用于航空航天、造船行业的大型零件或大型模具的测量。

（二）非直角坐标测量机

传统的直角坐标测量机具有精度高、自动化程度高等优势，因而在中小工业零件的几何量检测中至今占有"绝对统治地位"，但是由于不便于携带和框架尺寸的限制（截至本书完稿时，直角坐标测量机行程最长为40m，最宽为6m），在大尺寸测量、现场零件测量和较隐蔽部位测量等方面存在局限性。因此在直角坐标测量概念的基础上，非直角坐标测量系统——便携式测量系统诞生了。

　　关节臂测量机是一种典型的非直角坐标测量机，由几根固定长度的臂通过关节（分别称为肩关节、肘关节和腕关节）互相连接，这些关节绕互相垂直的轴线转动，在最后的转轴上装有探测系统的坐标测量装置，如图1-8所示。

　　测头分为接触式和非接触式两种，接触式测头可以是硬测头或触发测头，可适应大多数测量场合的需要；对于管件类工件可采用专门的红外管件测头，逆向工程时可配激光扫描测头。

　　关节臂测量机的关节数一般小于8，目前一般为手动测量机。以特别常见的六自由度关节臂测量机为例，它由5部分组成：便于固定在平台上的磁力底座或者移动式三脚架、碳纤维臂身、6个旋转关节及测头（见图1-9）、平衡机构、控制系统（含电池）。有的还配有Wi-Fi无线通信模块。

（a）非接触式测头

（b）接触式测头

图1-8　关节臂测量机

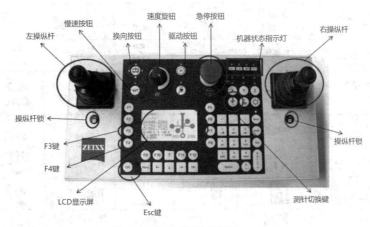

图1-9　关节臂设备结构

　　与桥式测量机相比，关节臂测量机精度有限，测量范围（空间直径）可达5m。关节臂测量机具有轻便、对环境因素不敏感、占用场地小的特点，非常适合室外测量和被测工件不便移动的情况，广泛应用于车间现场测量。

三、操作面板

　　操作面板主要用于手动控制三坐标测量机，在紧急情况下（如碰撞危险），也被用来改变速度，并用急停按钮终止机器自动运行。操作面板按键说明如图1-10所示，操作面板的常用按键及其功能如下。

图1-10　操作面板按键说明

左操纵杆：通过前后移动左操纵杆，操纵测头的上下移动。

右操纵杆：通过前后、左右移动右操纵杆，操纵测头的前后、左右移动。

速度旋钮：通过旋转速度旋钮，调节探测时各轴的移动速度。

慢速按钮：按下该按钮，灯亮表示三坐标测量机进入慢速移动状态，该按钮仅在手动模式下有效。

换向按钮：周围 4 个 LED 分别代表操作者面对机器所处的方位，每按一下，转换到下一个方位。一般该按钮下方的 LED 是亮着的，此时操作者应位于三坐标测量机前面。这个按钮会影响手柄控制 X 轴、Y 轴的方向。

急停按钮：按下该按钮可紧急终止正在运行中的操作。

Esc 键：按 Esc 键可终止当前的程序。

F3 键：每按一次 F3 键，可以取消未经确认的上一个测量点。

F4 键：按 F4 键可删除元素的所有测量点。

测针切换键：每按一下测针切换键，会从当前测针按顺序切换到下一个测针。1～5 号测针按编号递增顺序切换。1～5 号测针的方位如图 1-11 所示。在 LCD 显示屏中，当前测针用空心圆表示，并显示测针号。图 1-11 所示当前测针为 1 号测针。

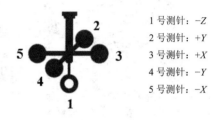

1 号测针：$-Z$
2 号测针：$+Y$
3 号测针：$+X$
4 号测针：$-Y$
5 号测针：$-X$

图 1-11　1～5 号测针的方位

LCD 显示屏：由 3 个区域组成，分别是状态显示、测量轴坐标信息显示、选择测针显示，如图 1-12 所示。状态显示信息如表 1-1 所示。

1.状态显示
2.测量轴坐标信息显示
3.选择测针显示

图 1-12　操作面板 LCD 显示屏的组成

表 1-1　　　　　　　　　　　　状态显示信息

状态显示图形	说明	状态显示图形	说明	状态显示图形	说明	状态显示图形	说明
	手动模式		在所有方向上探测		测杆与工件发生碰撞		驱动断开
	在 $-Z$ 轴方向上探测		在 $-X$ 轴方向上探测		在 $-Y$ 轴方向上探测	DAC	驱动断开，DAC（Digital to Analog Converter）过大
	在 $+Z$ 轴方向上探测		在 $+X$ 轴方向上探测		在 $+Y$ 轴方向上探测	LAG	驱动断开，滞后错误
	到达限位	CP	更新操作盒固件		更新组件	REF	参考点无效
	横臂互锁：碰撞状态		横臂互锁：暂停状态		平衡探头	?	探头处于未平衡状态
	停止《0》操作模式		安全光栅被激活		探针更换时出现错误		显示暂停状态

续表

状态显示图形	说明	状态显示图形	说明
	测量路径时出现错误，光栅坏或者光栅脏	X	测量路径时 X 轴出现错误，光栅损坏或者光栅脏污
R	测量路径时转台位置出现错误，光栅坏或者光栅脏污	Y	测量路径时 Y 轴出现错误，光栅损坏或者光栅脏污
	探头损坏	Z	测量路径时 Z 轴出现错误，光栅损坏或者光栅脏污
	打开机械接触，使用触发式探针探测	98	取消 CNC 程序：记录数据被删除
	急停按钮被按下，急停电路没闭合。原因：到达行程极限，压缩空气压力太低		

四、标准球

标准球是由坐标测量系统供应商提供的一个（组）已知直径的高精度球（球面轮廓度误差很小），用来标定和校准探测系统。这个装置在日常使用过程中必须注意防护，因为它是测量机精度的依据之一，也是使用很频繁的一个装置。每次新安装和配置的探针，以及日常正在使用探针的校准都会用到该装置。

（一）标准球的结构

标准球由底座、立柱、上半球、下半球、支撑杆和陶瓷球组成，如图 1-13 所示。立柱与底座之间通过螺栓连接。立柱上方的球分为上半球和下半球两部分，下半球和立柱之间是固定连接，上半球和下半球通过螺栓连接。支撑杆和陶瓷球是一个整体，通过螺栓孔与上半球连接。

（二）标准球的方位

标准球通过一个 M12 螺栓与大理石平台固定。由于只有一个螺栓，因此标准球相对于平台的旋转自由度是没有被限制的。怎么确定标准球相对机器的方位呢？可

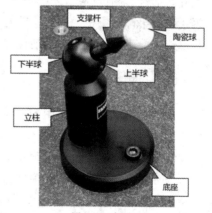

图 1-13　标准球

通过两个角度来确定标准球的位置，这两个角度分别是倾斜角和旋转角，就是用球坐标的概念定义的旋转角和倾斜角。

将陶瓷球看作坐标系原点，将支撑杆和机器坐标 Z 轴方向在空间的夹角定义为倾斜角。倾斜角可以通过参考球支撑杆与立柱之间的夹角来计算。只要标准球的机械结构不发生变化，倾斜角就不会发生变化，图 1-14（a）所示的标准球的倾斜角为 135°。

旋转角需要从机器坐标的 +Z 轴方向俯视，把支撑杆和陶瓷球看成整体，然后投影到大理石平台上。将陶瓷球投影为一个点，并定义为原点，将支撑杆投影为一条线，以机器坐标的

+X 轴为起始，逆时针旋转直到与支撑杆的投影线重合，这个过程中旋转的角度定义为旋转角。图 1-14（b）所示为【参考球管理】对话框中的倾斜角和旋转角示意图。因此，旋转角可以定义为在 XY 平面内支撑杆相对于陶瓷球球心、基于 +X 轴方向的角度，如图 1-14（c）所示。标准球摆放的方位不同，旋转角的角度就不同。

 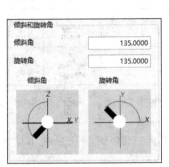 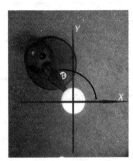

（a）倾斜角：参考球支撑杆与立柱之间的夹角，此时为 135°　　（b）倾斜角和旋转角示意图　　（c）旋转角：在 XY 平面内支撑杆相对于球心、基于 X 轴方向的角度，此时为 135°

图 1-14　倾斜角和旋转角示例

五、测头及其分类

（一）坐标测量机的测头

对于坐标测量而言，测头是待测工件和测量设备之间的连接环节。为了获取工件的位置、尺寸和形状等测量信息，必须在坐标测量机的测头和工件表面之间建立一个关系。也就是说，为了实现坐标测量机的功能，就必然需要一个子系统来测量工件表面上点的位置，这些位置是以相对于坐标测量机的当前位置为基准的。

（二）测头分类

测头是坐标测量系统中测点感知的传感单元，用于获取工件的尺寸、形状和位置等测量信息。测头基座安装在坐标测量系统的 Z 轴末端，前端与探针系统等探测工具相连接。为了实现测点采集任务，测头必须与工件表面相互作用，也就是通过物理效应与工件表面产生相互作用，以确定其位置，并根据与工件表面的作用方式对测头进行分类。

（1）固定式测头：指测头方向不能变化的测头，一般用于高精度扫描测头的安装与连接，图 1-15 为固定式测头示例。主动扫描测头 VAST Gold、VAST XT Gold、VAST XTR Gold 分别如图 1-15（a）、图 1-15（b）、图 1-15（c）所示，被动扫描测头 VAST XXT 如图 1-15（d）所示，单点触发测头 VAST XDT 如图 1-15（e）所示。

（2）旋转式测头：一般具有两个方向上的回转自由度，从而实现了所安装测头在空间方位上的变化，图 1-16 为旋转式测头示例。旋转测座 RDS 如图 1-16（a）所示，RDS 上安装 VAST XXT 测头，如图 1-16（b）所示。RDS 尤其适合测量复杂零件，测量复杂零件时通常需要使用到多个具有不同空间位置的测针。RDS 能够以 2.5°的步距旋转运行到 20736个不同空间位置。旋转测座 CSC 如图 1-16（c）所示，主要用于对结构复杂的车身部件体积进行测量。

（a）主动扫描测头　　（b）主动扫描测头　　（c）主动扫描测头　　（d）被动扫描测头　　（e）单点触发测头
VAST Gold　　　　　VAST XT Gold　　　　VAST XTR Gold　　　VAST XXT　　　　　VAST XDT

图 1-15　固定式测头

（a）旋转测座 RDS　　　（b）RDS 上安装 VAST XXT 测头　　　（c）旋转测座 CSC

图 1-16　旋转式测头

（3）光学测头：白光扫描测头 DotScan 如图 1-17（a）所示，主要用于测量自由曲面和细微结构，采用色阶共聚焦白光测头，适用于测量敏感、柔软、具有反射性或低对比度的表面；激光扫描测头 LineScan 如图 1-17（b）所示，其使用点云法捕获整个表面的形状，用于与名义 CAD 数据进行对比或创建新的 CAD 模型；影像扫描测头 ViScan 如图 1-17（c）所示，适用于小零件二维图像分析和软材质工件非接触测量，如金属片、橡胶、塑料等。

（a）白光扫描测头 DotScan　　　（b）激光扫描测头 LineScan　　　（c）影像扫描测头 ViScan

图 1-17　光学测头

六、探针系统

一个探针系统通常包含图 1-18 所示的 4 部分。

（1）测针：最先接触到工件的部分。

（2）加长杆：方便测量难以接近的区域。

（3）吸盘：与测头直接相连的部分。

（4）连接件：使测针与加长杆相连组成探针系统。

一个理想的探针系统需要尽量少的连接点、尽可能大的刚性、尽可能小的质量、尽可能小的温度敏感性。

（一）测球

测针作为最先接触工件的部分，由测针座、测杆和测球 3 部分组成，如图 1-19 所示。红宝石球是最常见的测球之一。

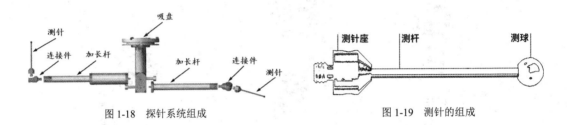

图 1-18　探针系统组成　　　　　　　　图 1-19　测针的组成

如图 1-20（a）所示，当转台旋转，测针固定时，对同一点接触工件表面进行测量，即使测球的圆度不是最佳的，测量结果也并未因此出现偏差。如图 1-20（b）所示，当工件固定、测针移动时，可以得到由测球的圆度偏差所导致的测量结果误差。由此可知，高精度的测量需要高精度的测球。通常采用 5 级精度的测球，其精度范围为 $0.07 \sim 0.16 \mu m$，能满足绝大多数测量需求。当然，对于更高要求的测量，需要更高精度的测球。

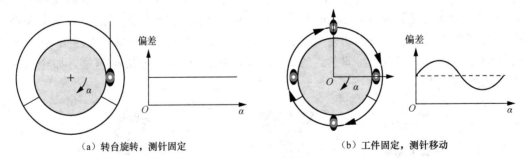

（a）转台旋转，测针固定　　　　　　　　（b）工件固定，测针移动

图 1-20　测针的两种测量方式

另外，测球的材质也是影响测量的关键因素之一。一方面，红宝石球在使用一段时间后会因扫描较硬的工件产生磨损，圆度变差，精度降低，如图 1-21（a）所示。另一方面，扫描较软的铝合金材质又会在红宝石球表面产生沉积，同样造成圆度变差，精度降低，如图 1-21（b）所示。

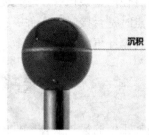

（a）磨损现象　　　　　　　　　　（b）沉积现象

图 1-21　红宝石球的磨损现象和沉积现象

为了避免上述问题，保证测量结果的准确性，出现了钻石测针，如图 1-22 所示。随着时间的推移，扫描距离的增加，红宝石球的精度会出现明显下降，而钻石测球则没有这些问题，基本维持了精度不变。

（二）测球和测杆的连接方式

测球和测杆的连接方式主要有 3 种，如图 1-23 所示，分别是焊接、杯连接和栓连接。焊接就是通过焊接方式将测球安装在测杆上。杯连接是借助特殊胶水使测球黏合在测杆上。杯连接和焊接基本是相同的，但是焊接的测针具有较高的刚性。栓连接是 3 种连接中最容易出现问题的连接方式，一方面栓连接需要在测球上钻孔，易对测球产生不利影响；另一方面由于栓没有定位点，会导致多余黏胶等问题。

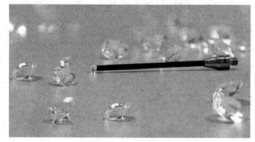

图 1-22　钻石测针

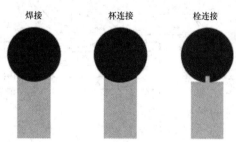

图 1-23　测针的连接方式

如果测针在测量时被撞击，焊接和杯连接的测球会掉落，把撞击的问题显现出来，可以很容易地发现损坏的测针而将其更换掉，从而保证测量结果的可靠性。但是栓连接的测球受到撞击后并不会因此掉落，而是可能发生了肉眼看不见的偏移，用这样的测针继续测量，得到的结果与真实值之间会有较大偏差，这极大地影响了测量结果的可靠性，而且这个问题很难察觉。只有将栓连接的测针在环规等检具上进行一些比较测量，发现测量结果可重复性差且与校准值偏差较大，才能得出测针已经被损坏的事实。基于以上原因，建议采用杯连接方式。

（三）测杆探测

测杆探测是指测杆代替测球接触到工件，并采集了测量信息，如图 1-24 所示。这很危险，因为测头传感器无法分辨采集的信号来自测杆还是测球，在发生

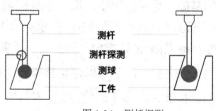

图 1-24　测杆探测

错误探测时，不会有任何错误报警。这也是测量时必须要仔细观察的原因。需仔细检查测杆在任何探测或扫描点时是否接触到工件。在使用非常小的测针与测球时，出现测杆探测的风险会更高，因为小的测针更容易被折弯。

【检测项目描述】

现接到某机械加工厂的齿轮泵体零件的检测任务，要求如下。

（1）完成图纸中齿轮泵体零件的检测，检测项目如图 1-25 所示。

（2）测量报告输出项目有尺寸名称、实测值、公差值、超差值，格式为 PDF 文件。

（3）测量任务结束后，检测人员打印报告并签字确认。

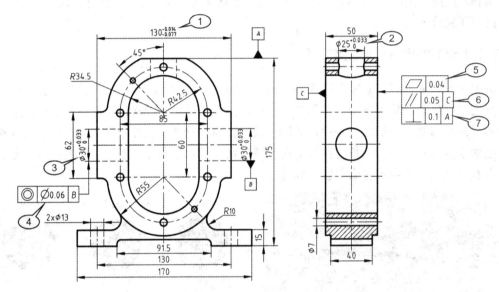

图 1-25　齿轮泵体零件图纸

|任务一　测量方案规划|

一、分析零件图纸

在三坐标测量过程中，建立正确的坐标系是保证测量尺寸准确的必要前提，是后续测量的基础。通常情况下，根据零件图纸上标注的基准来确定坐标系。这里用齿轮泵体零件图纸中基准 A 所在平面的法向（法线方向），来确定坐标系的+Z 轴方向；用平面 2 的法向，来确定坐标系的+X 轴方向；根据右手法则，已知 Z 轴、X 轴方向，可以确定 Y 轴方向。确定坐标系方向之后，接下来确定坐标原点。根据 $\phi25^{+0.033}_{0}$ 圆柱的轴线位置，确定 X 轴和 Y 轴的原点；根据基准 A 所在平面的位置，确定 Z 轴的原点。综上所述，为了建立基础坐标系，需要提取平面 1、圆柱 1 和圆柱 2，如图 1-26 所示。

除此之外，为了完成齿轮泵体零件的 7 个检测项目，还需要提取平面 2、平面 3、平面 4、平面 5 和圆柱 3，元素编号如图 1-26 所示。

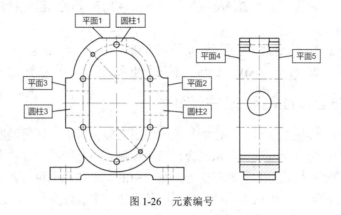

图 1-26　元素编号

二、制定测量规划

根据对齿轮泵体零件图纸和检测项目的分析，为便于厘清思路，制定齿轮泵体尺寸检测表，如表 1-2 所示。

表 1-2　　　　　　　　　　　齿轮泵体尺寸检测表

序号	尺寸描述/mm	理论值/mm	公差/mm	关联元素
1	宽度 130	130	−0.014/−0.077	平面 2、平面 3
2	直径 25	25	+0.033/0	圆柱 1
3	直径 30	30	+0.033/0	圆柱 3
4	同轴度 0.06	0	0.06	圆柱 2、圆柱 3
5	平面度 0.04	0	0.04	平面 5
6	平行度 0.05	0	0.05	平面 5、平面 4
7	垂直度 0.1	0	0.1	平面 4、平面 1

|任务二　软硬件配置|

一、三坐标测量机

根据被测零件的外形尺寸，选用型号为 SPECTRUM 556 的三坐标测量机，其中数字 556 表示 X 轴行程为 500mm，Y 轴行程为 500mm，Z 轴行程为 600mm，配套固定式探测系统 VAST XXT。

（一）三坐标测量机的工作条件

（1）温度要求：18～22℃。

（2）湿度要求：40%～60%。

（3）气压要求：6～8 bar（1 bar = 100 kPa）。

（4）导轨保护：每天用无水酒精擦拭导轨，要求使用无尘纸单面擦拭，导轨上不要放物体，且不用手触碰。

（5）震动保护：在三坐标测量机周围安装减震带。

（6）电源要求：220(1±10%)V，UPS（不间断电源）。

（二）影响三坐标测量精度的主要因素

（1）温度影响：环境温度对三坐标测量机的精度有较大影响，环境温度应稳定。

（2）湿度影响：空气湿度过大，水汽会在三坐标测量机上凝结，导致生锈；空气湿度过小，影响大理石的吸水性，导致大理石变形；空气中的灰尘和静电也会影响精度。

（3）压缩空气的影响：①压力波动，气浮间隙变化，重复性变化；②压力不足，气浮块无法浮起来，出现导轨摩擦，精度下降。

（4）导轨的保护。

（5）测针校准的准确性。

（6）测量方法的准确性。

（三）开机前的准备工作

（1）检查机器的外观及机器导轨上是否有障碍物。

（2）对导轨及工作台进行清洁。注意，清洁导轨的时候，往一个方向擦拭，不能来回往复擦拭。

（3）检测温度、湿度、气压、配电等是否符合要求。

微课

三坐标测量机的开机步骤

（四）三坐标测量机的开机步骤

开关机需要遵循的基本原则：开机时，先开硬件，后开软件；关机时正好相反，先关软件，后关硬件。开机步骤具体如下。

（1）按下操作面板左侧的电源按钮（POWER），如图1-27（a）所示。此时操作面板的LCD显示屏显示ZEISS的LOGO左右浮动，控制柜开始自检，机器操作面板和探头上的指示灯开始闪烁。

（2）当操作面板的LCD显示屏上出现"驱动断开"的标志时，按下操作面板上的驱动按钮，如图1-27（b）所示。如果无法打开驱动，检查气压指示表的数值是否在5bar以上，如图1-28所示。

（3）打开计算机，双击CALYPSO软件图标，启动测量软件，屏幕上出现【登录】界面，输入用户名和密码后单击【确定】按钮，如图1-29所示。接着陆续显示软件的状态窗口、交通灯窗口和机器回零界面。

（4）确认三坐标测量机的工作台面上没有可能碰撞探头、测针的阻碍物后，单击机器回零界面上的【确定】按钮，如图1-30所示，旋转操作面板上的速度旋钮，使 Z 轴向上抬起，然后 X 轴和 Y 轴联动，回到机器的原点。回零后，机器会移动到机器坐标(30, −30, −30)，此时机器正常开机，出现软件的主界面可以进行后续操作。

（a）操作面板左侧的电源按钮

（b）操作面板上的驱动按钮

图 1-27 操作面板上的电源按钮和驱动按钮

图 1-28 气压指示表

（a）软件图标

（b）【登录】界面

图 1-29 CALYPSO 软件图标和【登录】界面

图 1-30 机器回零界面

（五）三坐标测量机的关机步骤

测量结束后，进行三坐标测量机的关机操作，具体步骤如下。

（1）关闭软件。关闭前保存需要保存的测量程序。单击软件右上角的关闭按钮，弹出图 1-29（b）所示的【登录】界面，单击【退出】按钮，关闭软件。

（2）将机器的传感器移动到机器坐标的右上角，此时注意不要将 X 轴、Y 轴移动到极限位置，将 Z 轴的光栅尺收到外罩内，如图 1-31 所示。这样是为了避免机器的

微课

三坐标测量机的关机步骤

机械结构形变对机器造成影响。

（a）Z轴光栅尺　　　　　　　　　（b）将Z轴光栅尺收到外罩内

图 1-31　Z轴光栅尺

（3）按下操作面板上的驱动按钮，关闭驱动。

（4）当机器状态指示灯关闭后，按下操作面板左侧的电源按钮，关机。

二、主探针校准

探针校准包括主探针校准和工作探针校准。校准探针时，先校准主探针，后校准工作探针。

微课

主探针校准

（一）探针校准的目的

探针校准主要有两个目的，一是获取红宝石球的补偿半径，二是获得其他探针相对于主探针的空间位置关系。

如图 1-32（a）所示，机器在测量时，读取的是红宝石球球心的坐标值，与实际位置相差一个红宝石球的补偿半径 R。考虑到测球的磨损、机器运动、测杆轻微变形等因素，补偿半径 R 不等于红宝石球的名义半径 R_0，因此需要通过探针校准获取红宝石球的补偿半径。

红宝石球补偿半径的计算原理如图 1-32（b）所示，通过标准球对探针进行校准时，红宝石球与标准球表面相接触，得到的数据是红宝石球的球心轨迹，对球心轨迹进行拟合，得到直径为 D_1 的虚拟球。已知标准球的直径为 D_0，则红宝石球的补偿半径 $R = (D_1 - D_0)/2$。

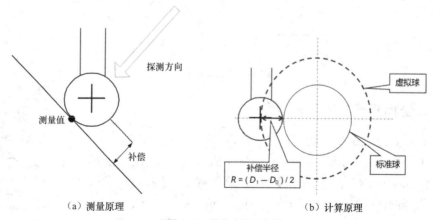

（a）测量原理　　　　　　　　　　（b）计算原理

图 1-32　补偿半径示意图

在实际测量过程中，零件是不便于搬动和翻转的，为了使不同直径、不同位置的测头测量的元素能直接进行计算，需要找出所有测头的位置关系，以便在测量时进行转换。也就是说，使不同直径、不同长度、不同位置的测头测量同一点、同一元素，能够得到相同的结果。这就是探针校准的第二个目的，即获得其他探针相对于主探针的空间位置关系。

探针校准主要分为 3 个步骤：①安装主探针，固定标准球；②用主探针定义标准球位置，并校准主探针；③组装工作探针并校准。

一般情况下，主探针的校准偏差小于 0.5μm，工作探针的校准偏差小于 1μm。如果超差（超过允许的误差范围），可以从以下 4 个方面去查找原因。

（1）红宝石球或标准球上有灰尘。

（2）探针或标准球没有紧固。

（3）红宝石球或标准球损坏。

（4）手动探测第一点（在标准球上采的第一个点）偏差大。

（二）主探针校准步骤

（1）将标准球固定在大理石平台上，当前倾斜角为 180°，旋转角为 0°，如图 1-33 所示。

（2）将主探针安装到传感器上，注意将传感器上的点位和吸盘上的点位相对应，如图 1-34 所示。

图 1-33 安装标准球

图 1-34 安装主探针

（3）在软件主界面中单击【探针系统】选项，如图 1-35 所示。

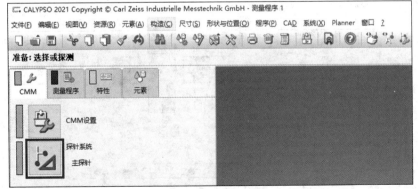

图 1-35 单击【探针系统】

（4）在弹出的【探针校准】对话框中单击【手动更换探针】选项，如图 1-36（a）所示。

弹出图 1-36（b）所示的界面，选择【安装探针】选项。弹出图 1-36（c）所示的【选择探针】对话框，在【探针系统】下拉列表中选择【主探针】选项，单击【确定】按钮。然后在图 1-36（b）所示的界面中单击【关闭】按钮。此时在【探针校准】对话框中，【探针系统】为【主探针】。

（a）【探针校准】对话框

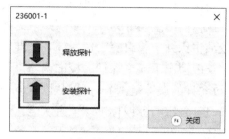

（b）选择【安装探针】

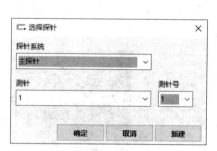

（c）【选择探针】对话框

图 1-36　更换主探针

（5）单击【参考球定位】选项，在弹出的界面中设置斜角为 180°、旋转角为 0°，单击【确定】按钮，如图 1-37 所示。

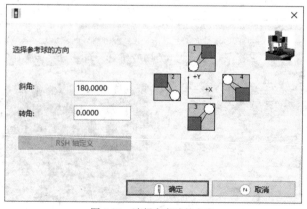

图 1-37　选择参考球的方向

（6）弹出图 1-38 所示的界面，在【探测行为定义探针】下拉列表中选择【标准】选项，在【探测加速度(%)】下拉列表中选择【100%】选项，单击【确定】按钮。

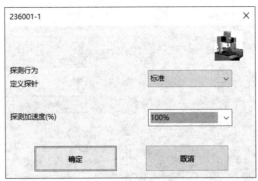

图 1-38　探测力设置

（7）此时软件提示【请沿着测杆的方向探测】，如图 1-39 所示。将主探针移动到标准球正上方，沿着主探针测杆方向，通过标准球球心在标准球正上方采点，如图 1-40（a）所示。接着，主探针开始自动校准。测针采集到的点以黄色箭头（实际图为黄色箭头）的方式显示在 CALYPSO 软件窗口，如图 1-40（b）所示。

图 1-39　【请沿着测杆的方向探测】提示框

（a）在标准球正上方采点　　　　（b）CALYPSO 软件窗口显示采集到的点

图 1-40　在标准球上采点

（8）主探针校准完成后，需要检查【探针校准】对话框中所显示的主探针校准结果，如图 1-41 所示，通常需要关注 R、S、X、Y、Z 数值。R 表示主探针球的半径值，S 表示标准偏差，通常主探针的 S 值应小于 0.5μm，如果超差，可以从前述的 4 个方面去查找原因。

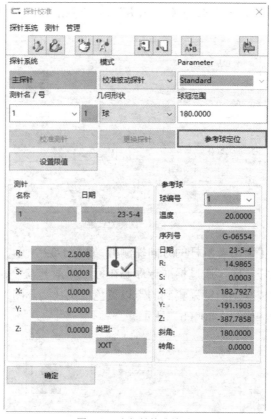

图 1-41　主探针校准结果

三、工作探针的安装及校准

选择工作探针时，需考虑下述要求。

（1）工作探针的测针方向要尽量和工件的面、孔、轴相互平行。

（2）测针的长度要能够测量图纸上的最大（或最深）尺寸。

（3）要根据被测工件的材料合理选择测针的材料。常用的测针材料有红宝石、氮化硅、钻石等。对于不同材料的工件要选择相应材料的测针，而大多数工件材料都可以使用红宝石测针。

（4）测针球径的选择。红宝石球径太小会导致测针容易断裂，而红宝石球径太大会在测量中引入很严重的机械滤波。

在固定式探测系统下采用星形探针进行测量，能够实现−Z 轴、+Y 轴、+X 轴、−Y 轴、−X 轴这 5 个方向的测量。除了底面，该齿轮泵体零件的其余 5 个方向都有被测元素，因此建议使用星形探针进行测量。

（一）星形探针的安装

星形探针的安装组件如图 1-42 所示。为了保证探针的清洁，一般会在下面垫一张无纺布。安装步骤如下。

（1）将加长杆通过螺纹连接安装到工作探针的吸盘上，并用细扳手拧紧固定。

微课

星形探针的安装

（2）将螺钉穿过连接件，与加长杆连接，先通过螺纹预紧，然后用细扳手拧紧。

（3）将测针通过螺纹连接安装到连接件上，并用细扳手拧紧。

（4）组装后的星形探针如图 1-43 所示。

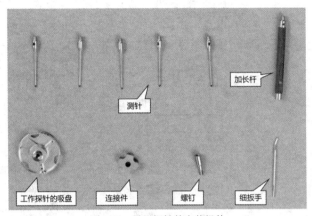
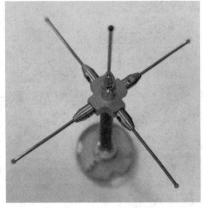

图 1-42　星形探针的安装组件　　　　图 1-43　组装后的星形探针

（二）星形探针的校准

（1）从传感器上取下主探针。注意，抓住吸盘根部金属部位，以大拇指为支撑，食指侧向用力，将其取下，图 1-44（a）所示为正确的操作。切不可将探针从传感器上直接向下拉，图 1-44（b）所示为错误的操作。

（2）将工作探针安装到传感器上。注意，要将传感器上的点位和吸盘上的点位相对应，如图 1-45 所示。

（a）正确的操作　　　（b）错误的操作

图 1-44　取下主探针　　　　图 1-45　将工作探针安装到传感器上

（3）在【探针校准】对话框中单击【手动更换探针】选项，如图 1-36（a）所示。弹出图 1-36（b）所示的界面，选择【安装探针】选项。弹出图 1-36（c）所示的【选择探针】对话框，单击界面右下角的【新建】按钮。

（4）弹出图 1-46 所示的【创建新的探针】对话框，此时需要为新建的探针命名。首先在【探针系统】处为整组探针命名，输入【STAR-L30D1.5】，表示新建探针为星形探针，红宝石球直径为 1.5mm，测杆总长度为 30mm。当前测针为-Z，测针号为 1，单击【确定】按钮。对于星形探针组来说，测针号一般约定俗成的规则为：-Z 为 1 号测针，+Y 为 2 号测针，+X

为 3 号测针，−Y 为 4 号测针，−X 为 5 号测针。

（5）为新建探针命名之后，单击【探针校准】对话框中的【校准测针】按钮，如图 1-47 所示。

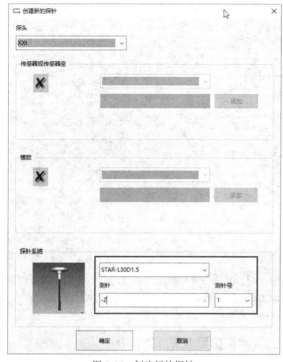

图 1-46　创建新的探针

图 1-47　单击【校准测针】

（6）此时弹出图 1-38 所示的探测力设置界面，单击【确定】按钮。接着，软件提示【请沿着测杆的方向探测】。将 1 号测针移动到标准球正上方，沿着−Z 轴方向，通过标准球球心在标准球正上方采点，如图 1-48 所示，接着开始自动校准 1 号测针。

图 1-48　1 号测针在标准球正上方采点

（7）1 号测针校准完成后，需要检查校准的结果，即检查【探针校准】对话框中的 R、S、X、Y、Z 数值，如图 1-49 所示。通常工作探针的 S 值应小于 1μm。如果 S 值偏差较大，需排查原因后重新校准。

（8）开始校准 2 号测针。在【探针校准】对话框中单击【插入新的测针】选项，在【创建新的测针】对话框中设置测针为+Y，测针号为 2，单击【确定】按钮，如图 1-50 所示。

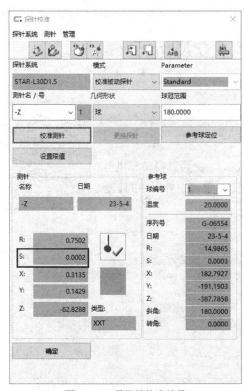

（a）插入新的测针

（b）创建新的测针

图1-49 1号测针校准结果 图1-50 插入并创建新的测针

（9）此时弹出图1-38所示的探测力设置界面，单击【确定】按钮，然后软件提示【请沿着测杆的方向探测】。将2号测针移动到标准球正前方，沿着+Y轴方向，通过标准球球心在标准球正前方采点，如图1-51所示，接着开始自动校准2号测针。校准结束后，检查校准结果是否满足要求。

（10）用同样的方法创建并校准3号（+X）测针、4号（-Y）测针、5号（-X）测针。

图1-51 2号测针在标准球正前方采点

四、零件装夹

在确定零件的装夹方案时，首先注意要测量的位置不能存在遮挡；在选择装夹位置时，尽可能找不需要测量尺寸的位置。在装夹后需要保证零件、夹具及测量机没有柔性连接，使用双面胶、橡皮泥等都是错误的做法。

通过分析图1-25所示的齿轮泵体零件图纸可知，零件底面没有尺寸要求，因此用热熔胶固定的方式，将齿轮泵体固定在精定位块上，精定位块与大理石平台也采用热熔胶固定，如图1-52所示。

图1-52 装夹齿轮泵体零件

| 任务三　测量程序建立及运行 |

一、新建测量程序

打开 CALYPSO 软件，接着陆续显示软件的状态窗口、交通灯窗口和机器回零界面。在机器回零后，显示软件的主界面和监控窗口，单击主界面中的【新建测量程序】选项，如图 1-53 所示。

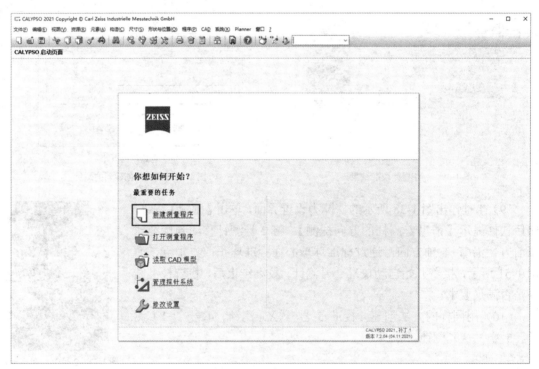

图 1-53　新建测量程序

CALYPSO 软件界面主要由 4 个部分组成，分别是主界面、交通灯窗口、状态窗口和监控窗口，如图 1-54 所示。

主界面如图 1-54（a）所示，是后续进行测量的主要交互界面。

交通灯窗口如图 1-54（b）所示，是比较常用的窗口。交通灯主要由上半部分的三色灯按钮及下半部分的探针和坐标显示组成。三色灯分别有不同的用处，当绿灯亮时，可以正常进行测量机的手动控制或自动控制；当黄灯亮时，机器处于暂停状态，再次点亮绿灯后又会继续之前的操作；当红灯亮时，机器会取消所有的操作，并且自动控制及手动控制都不能进行。换言之，红灯对应的功能就是机床的急停功能；若要恢复，需要将绿灯再次点亮。

状态窗口如图 1-54（c）所示，是显示软件及测量机状态的窗口，能够记录机器出现异常时的故障及自检信息，对机器的维修、维护具有重要意义。监控窗口如图 1-54（d）所示，用来监控测量程序执行进度并估计所需的时间。

（a）主界面

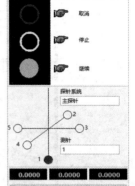

（b）交通灯窗口

（c）状态窗口

（d）监控窗口

图 1-54　CALYPSO 软件界面

二、导入 CAD 模型

微课

导入 CAD 模型

（1）选择 CALYPSO 软件菜单栏中的【CAD】→【CAD 文件】→【导入】选项，如图 1-55 所示。

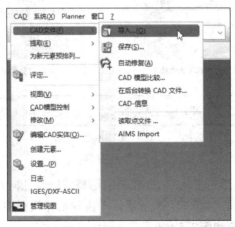

图 1-55　导入 CAD 模型

（2）在【打开 CAD 文件】对话框中，选择文件类型为【(*.*)】，选择要导入的齿轮泵体零件，如图 1-56 所示，单击【确定】按钮。

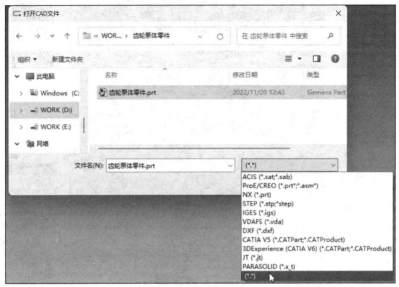

图 1-56 导入齿轮泵体零件

（3）导入的齿轮泵体零件的 CAD 模型如图 1-57 所示。通过 CALYPSO 软件主界面下方的 CAD 图标栏，可以切换 CAD 模型的显示方式。

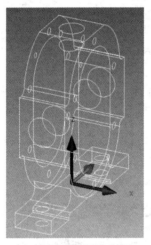

（a）显示带边框的 CAD 模型

（b）显示带面的 CAD 模型

（c）CAD 图标栏

图 1-57 CAD 模型

（4）在 CAD 图标栏中单击【从 CAD 模型中选择或创建几何元素】图标，并从弹出的界面中选择【抽取元素】选项，如图 1-58 所示，在齿轮泵体模型中依次抽取出图 1-26 所示的元素，此时【元素】选项卡如图 1-59 所示。

图 1-58 抽取元素

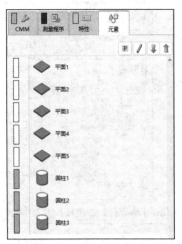

图 1-59 抽取得到的平面和圆柱

三、建立工件坐标系

导入模型之后，需要建立测量基准，也就是要建立基础坐标系，步骤如图 1-60 所示，描述如下。

微课

建立工件坐标系

（1）单击【测量程序】选项卡中的【基础/初定位 坐标系 机器坐标系】选项，如图 1-60（a）所示。

（2）在弹出的对话框中选择【建立新的基础坐标系】选项，方法为【标准方法】，如图 1-60（c）所示。单击【确定】按钮，弹出【基础坐标系】对话框，如图 1-60（b）所示。该对话框主要包括 3 部分内容：上部的旋转元素填入框（图中方框框选），下部的平移元素填入框（图中方框框选），以及坐标轴向选择框（图中椭圆框选）。

基于笛卡儿坐标系，空间中的物体有 6 个自由度，如图 1-60（d）所示，分别是沿着 3 个轴的平移和绕着 3 个轴的旋转。在 CALYPSO 中建立坐标系的原理是限制物体运动的 6 个自由度，利用工件上的元素建立的坐标系来确定工件的空间位置。

① 空间旋转：至少约束 2 个旋转自由度。

② 平面旋转：约束剩下的旋转自由度。

③ 原点：限制 3 个轴向的平移自由度。

创建基础坐标系常用的两种方式是"面-线-点"和"一面两圆"。根据齿轮泵体零件的几何特征，这里采用"面-线-点"方式创建基础坐标系。

（3）单击【空间旋转】左侧的【打开元素菜单】按钮，在弹出的【选择】对话框中选择【平面 1】，如图 1-61（a）所示，单击【确定】按钮，平面 1 的法向为 +Z 轴，由图 1-25 所示的齿轮泵体零件图纸可知，平面 1 是图纸上的 A 基准。

（4）【平面旋转】选择【平面 2】，平面 2 的轴线在空间旋转元素（平面 1）上的投影方向为 +X 轴。由图 1-25 所示的齿轮泵体零件图纸可知，平面 2 的轴线是图纸上的 B 基准。

（5）【X-原点】选择【圆柱 1】，【Y-原点】选择【圆柱 1】，即圆柱 1 的轴线限制 X 轴和 Y 轴的平移自由度。【Z-原点】选择【平面 1】，即平面 1 限制 Z 轴的平移自由度。如图 1-61 所示，单击【确定】按钮，建立的齿轮泵体零件坐标系如图 1-62 所示。

（a）选择【基础/初定位 坐标系 机器坐标系】

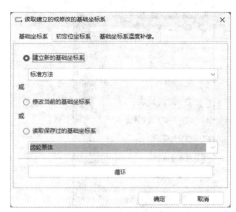

（b）选择【建立新的基础坐标系】

（c）建立坐标系的界面

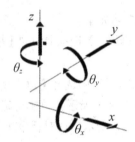

（d）笛卡儿坐标系

图 1-60　建立基础坐标系的步骤

（a）【选择】对话框

（b）【基础坐标系】对话框

图 1-61　定义齿轮泵体零件的基础坐标系

建立基础坐标系应遵循的基本原则如下。

（1）选择至少 3 个不同的元素，它们可以都是面，但一定不是相同的面。

（2）不要选择平行平面作为不同的基准（如立方体及圆柱的端面）。在这种情况下，第二个基准不会比第一个基准告诉测量软件 CALYPSO 更多的方向信息。

（3）对于每个元素，测量的点尽可能分散。

（4）第一个基准必须是一个三维元素，如平面、圆柱、圆锥等。

（5）第二个基准可以是一个二维元素，如直线等，也可以是三维元素。

（6）第三个基准是一个典型的一维元素（如点），但也可以选择二维或三维的参考元素。

图 1-62 齿轮泵体零件坐标系

四、建立安全平面

安全平面是一个将工件测量范围完全包裹的六面体空间，机器在元素和元素之间运行时，不允许测针的任何部分进入安全平面。如此一来，安全平面就起到了规划测针路径的功能。安全平面有 $CP+Z$、$CP-Z$、$CP+Y$、$CP-Y$、$CP+X$、$CP-X$ 这 6 个方向的平面可以选择。

单击【测量程序】选项卡中的【安全平面】选项后，弹出【安全平面】对话框，如图 1-63 所示。针对不同的测量情况，有 3 种不同的定义安全平面的方法。

（1）只有工件和图纸时，通过图纸上的总长、总高、总宽等尺寸及坐标系的位置，直接在【安全平面】对话框中输入偏移位置。

（2）只有工件没有图纸也没有模型时，使用操作面板上的左、右操纵杆，先将当前测针移动到 3 个坐标轴都正向且每个轴向与工件之间都留有余量的位置，之后连接右操作杆顶端按钮 3 次，然后将测针移动到 3 个坐标轴都负向且每个轴向与工件之间都留有余量的位置，重复之前的动作。

（3）在有模型的情况下，单击【安全平面】中的【从 CAD 模型提取安全平面】按钮，在弹出的对话框中设置【边界距离】，单击【确定】按钮即可，如图 1-64 所示。

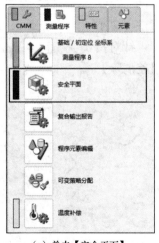

（a）单击【安全平面】

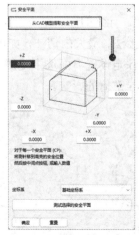

（b）【安全平面】对话框

图 1-63 安全平面的设置界面

（a）设置【边界距离】　　　　（b）齿轮泵体零件的安全平面

图 1-64　通过 CAD 模型定义安全平面

五、编辑测量元素

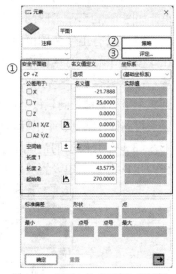

（一）平面 1 的测量策略和评定设置

（1）双击【元素】选项卡中的【平面 1】，弹出【元素】对话框，如图 1-65 所示。该对话框分为 3 个区域：①名义值相关区域；②策略；③评定。对元素进行编辑有以下 3 个步骤。

① 核对名义值相关区域的值是否和图纸相符（防止出现与图纸模型不相符的情况）。

② 对策略进行编辑。元素策略即元素的测量方法，可以是单点测量，也可以是扫描或其他方法。测量策略需遵循 2 个原则：测量范围尽可能大，测量点尽可能多。在评定平面度、圆度、直线度、圆柱度等形状公差时，尽量采用扫描测量策略。

③ 评定设置。元素的评定方法主要有最小二乘法、最小区域法、最小外接法、最大内切法，如图 1-66 所示。针对扫描元素，需要在评定设置界面选中【滤波】和【粗差清除】复选框，以去除异常值的影响。

图 1-65　平面 1 的【元素】对话框

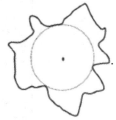

（a）最小二乘法　　　（b）最小区域法　　　（c）最小外接法　　　（d）最大内切法

图 1-66　评定方法

（2）单击【元素】对话框中的【策略】按钮，弹出【策略】对话框，如图1-67所示。平面的测量策略主要有单点测量、多义线测量、平面上的环形路径、多义线组4种常用方式，如图1-68所示。

①点列表
②单点/自动路径转换开关
③网格测量
④多义线测量
⑤平面上的环形路径
⑥多义线组
⑦定义点

图1-67　平面1的【策略】对话框

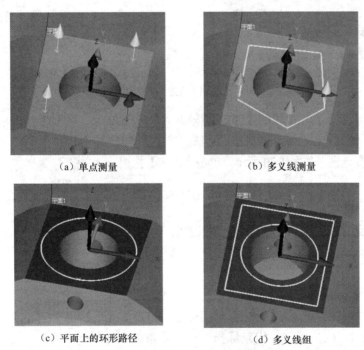

（a）单点测量　　　　　　　　　　　（b）多义线测量

（c）平面上的环形路径　　　　　　　（d）多义线组

图1-68　平面元素的4种常用测量策略

（3）这里采用多义线的方式设置平面1的测量策略。单击【多义线测量】图标，双击列表中的【多义线】，如图1-69（a）所示。在平面1上打点，点和点之间默认用直线连接，如图1-69（b）所示。如果将多义线的类型改为圆弧或圆，那么最后3个点构成一个圆弧或圆。将速度（指探针和工件接触后的扫描速度）设置为10mm/s，步进宽度（点和点之间的距离）设置为0.1mm，按Enter键后，点数（扫描路径上的测量点数）也随之变化，如图1-69（c）所示。单击【多义线】对话框中的【确定】按钮，然后单击【策略】对话框中的【确定】按钮，完成平面1测量策略的设置。

（a）选择多义线

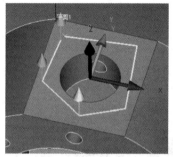

（b）平面 1 上的多义线

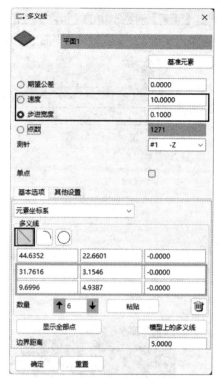

（c）【多义线】对话框

图 1-69　为平面 1 设置多义线测量策略

（4）单击【元素】对话框中的【评定】按钮，弹出平面的【评定】对话框。评定方法为默认的最小二乘法，选中【滤波】和【粗差清除】复选框，如图 1-70 所示，单击【确定】按钮。

（二）平面 2 和平面 3 的测量策略和评定设置

平面 2 和平面 3 的测量策略采用单点测量方式。双击图 1-59 所示【元素】选项卡中的【平面 2】，弹出平面 2 的【元素】对话框。

单击【元素】对话框中的【策略】按钮，在平面 2 上采 6 个点，如图 1-71（a）所示，【策略】对话框中会出现 6 个测量点，如图 1-71（b）所示。将鼠标指针放在测量点上并单击，鼠标指针变成小手的形状，此时可以拖动测量点的位置，如图 1-71（a）所示。单击【策略】对话框中的【确定】按钮，完成测量策略设置。

图 1-70　平面 1 的【评定】对话框

单击【元素】对话框中的【评定】按钮，在【评定】对话框中选中【滤波】和【粗差清除】复选框，单击【确定】按钮，完成评定设置。

（三）平面 4 和平面 5 的测量策略和评定设置

平面 4 和平面 5 的测量策略为多义线方式。平面 4 的测量策略如图 1-72 所示，共有 6 条多义线。在【多义线】对话框中，将速度设置为 10mm/s，步进宽度设置为 0.1mm，单击【确定】按钮，完成测量策略设置，在【评定】对话框中选中【滤波】和【粗差清除】复选框，单击【确定】按钮，完成评定设置。

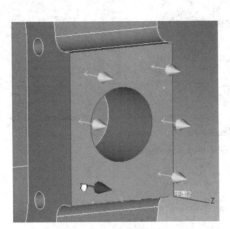

（a）平面 2 上的测量点　　　　　　（b）平面 2 的【策略】对话框

图 1-71　为平面 2 设置单点测量策略

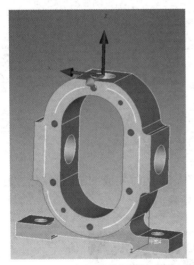

（a）平面 4 上的多义线　　　　　　（b）平面 4 的【策略】对话框

图 1-72　为平面 4 设置多义线测量策略

（四）圆柱 1 的测量策略和评定设置

圆柱的测量策略主要有圆路径、圆柱轮廓线和螺旋路径 3 种，如图 1-73 所示。

（1）双击【元素】选项卡中的【圆柱 1】，弹出【元素】对话框，单击【策略】按钮，弹出【策略】对话框，如图 1-74 所示。圆柱 1 默认有 2 个圆路径，其中一个圆路径与圆柱底面相交，如图 1-75 所示。该扫描路径不合理，将其删除。

微课

编辑测量元素
（圆柱 1～圆柱 3）

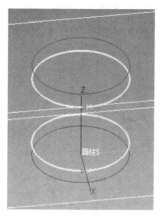
（a）圆路径

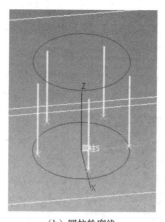
（b）圆柱轮廓线

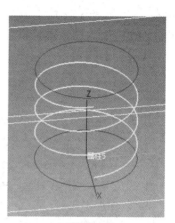
（c）螺旋路径

图 1-73　圆柱元素的 3 种常用测量策略

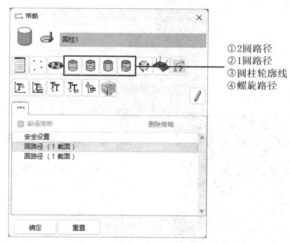

①2圆路径
②1圆路径
③圆柱轮廓线
④螺旋路径

图 1-74　圆柱 1 的【策略】对话框

（2）单击【策略】对话框中的【1 圆路径】图标，此时生成的圆路径穿过圆柱中心的两个小孔，如图 1-76 所示。该扫描路径不合理，需要修改。

图 1-75　圆柱 1 的两个默认圆路径

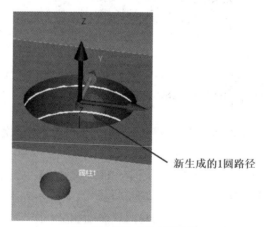

新生成的1圆路径

图 1-76　新生成的 1 圆路径

（3）双击步骤（2）生成的 1 圆路径，打开【圆路径】对话框，将速度设置为 5mm/s，每个截面的点数设置为 300，起始角设置为 20°，角度范围设置为 140°，如图 1-77（a）所示。此时的圆路径正好避开圆柱 1 上的两个小孔，如图 1-77（b）所示。

（4）复制步骤（3）修改后的 1 圆路径并粘贴，双击复制的圆路径，打开【圆路径】对话框，将起始角设置为 200°，其余参数保持不变，此时在圆柱 1 的同一高度有 2 个圆路径，如图 1-77（c）所示。

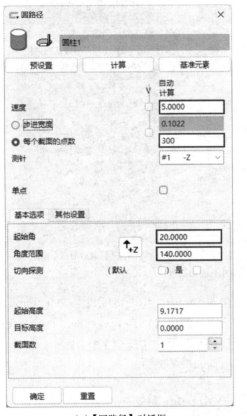
（a）【圆路径】对话框

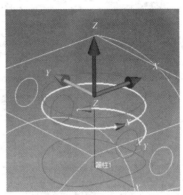
（b）修改后的 1 圆路径

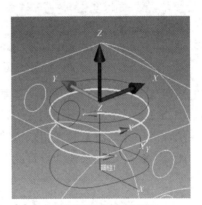
（c）复制后得到 2 个圆路径

图 1-77　修改圆柱 1 的扫描路径

（5）单击【元素】对话框中的【评定】按钮，弹出【评定】对话框，评定方法为默认的最小二乘法，选中【滤波】和【粗差清除】复选框，单击【确定】按钮。

（五）圆柱 2 和圆柱 3 的测量策略和评定设置

（1）双击【元素】选项卡中的【圆柱 2】，单击【元素】对话框中的【策略】按钮，在打开的【圆路径】对话框中可以看到圆柱 2 同样默认有 2 个圆路径，起始高度为 3.05mm，目标高度为 27.45mm，如图 1-78 所示。考虑到总长度为 30mm 的测针的有效测量长度仅为 22.5mm，为避免测针与齿轮泵体零件碰撞，需要修改圆柱 2 的起始高度。

（2）将起始高度修改为 10mm，目标高度修改为 25mm，圆柱 2 修改后的两个圆路径如图 1-78（c）所示。

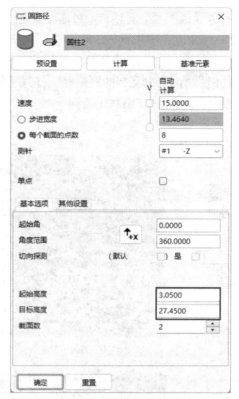

（a）圆柱 2 的默认圆路径参数

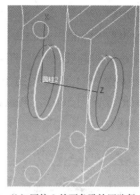

（b）圆柱 2 的两条默认圆路径

（c）圆柱 2 修改后的两个圆路径

图 1-78　圆柱 2 的扫描路径

（3）将圆柱 2 的所有圆路径的速度都设置为 5mm/s，步进宽度设置为 0.1mm。

（4）单击【元素】对话框中的【评定】按钮，弹出【评定】对话框，评定方法为默认的最小二乘法，选中【滤波】和【粗差清除】复选框，单击【确定】按钮。

（5）用同样的方法为圆柱 3 设置圆路径扫描测量策略。

六、定义特性设置

被测尺寸的元素已经获取，接下来定义这些元素具有的特性设置，即图纸的测量要求。

（一）定义 1 号尺寸距离 130 的特性设置

1 号尺寸 $130_{-0.077}^{-0.014}$ 是平面 2 与平面 3 之间的距离尺寸。选择【尺寸】→【距离】→【卡尺距离】选项，打开【卡尺距离】对话框，平面 2 与平面 3 的距离设置如图 1-79 所示。

微课

定义特性设置

（二）定义 2 号尺寸直径 $\phi 25$ 的特性设置

2 号尺寸是圆柱 1 的直径 $\phi 25_{0}^{+0.033}$。在圆柱 1 的【元素】对话框中选中直径【D】复选框，按照图纸要求输入公差值和标识符，完成 2 号尺寸的特性设置定义，如图 1-80 所示。

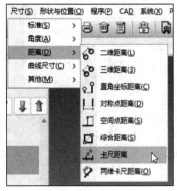

(a) 选择【卡尺距离】

(b) 1 号尺寸的卡尺距离设置

图 1-79 定义 1 号尺寸的特性设置

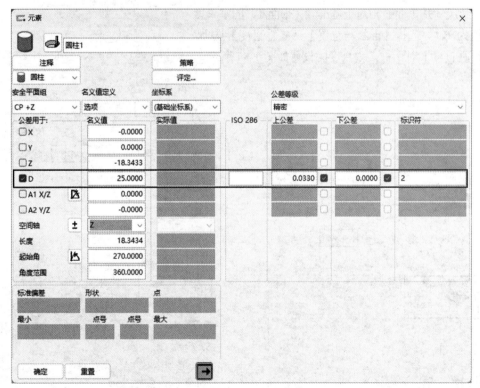

图 1-80 定义 2 号尺寸的特性设置

（三）定义 3 号尺寸直径 $\phi30$ 的特性设置

3 号尺寸是圆柱 3 的直径 $\phi30_{0}^{+0.033}$，其特性设置的定义方法与 2 号尺寸一样，此处不再赘述。

（四）定义 4 号尺寸同轴度 0.06 的特性设置

4 号尺寸是圆柱 3 轴线相对于基准 B（圆柱 2 轴线）的同轴度，公差值为 0.06。选择【形状与位置】→【同轴度】选项，打开【同轴度】对话框，同轴度的设置如图 1-81 所示。

（五）定义 5 号尺寸平面度 0.04 的特性设置

5 号尺寸是平面 5 的平面度，公差值为 0.04。选择【形状与位置】→【平面度】选项，打开【平面度】对话框，平面度的设置如图 1-82 所示。

（六）定义 6 号尺寸平行度 0.05 的特性设置

6 号尺寸是平面 5 相对于基准 C（平面 4）的平行度，公差值为 0.05。选择【形状与位置】→【平行度】选项，打开【平行度】对话框，平行度的设置如图 1-83 所示。

（七）定义 7 号尺寸垂直度 0.1 的特性设置

7 号尺寸是平面 5 相对于基准 A（平面 1）的垂直度，公差值为 0.1。选择【形状与位置】→【垂直度】选项，打开【垂直度】对话框，垂直度的设置如图 1-84 所示。

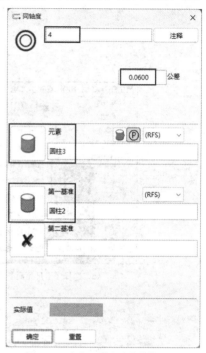

图 1-81　定义 4 号尺寸的特性设置

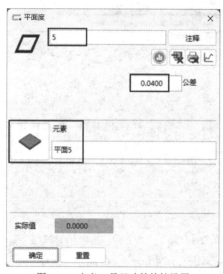

图 1-82　定义 5 号尺寸的特性设置

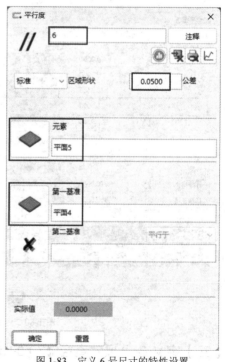

图 1-83　定义 6 号尺寸的特性设置

7 个特性设置全部定义完成后，【特性】选项卡如图 1-85 所示。

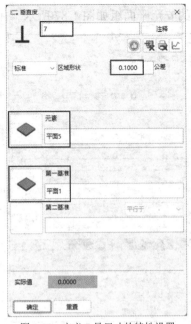

图 1-84　定义 7 号尺寸的特性设置

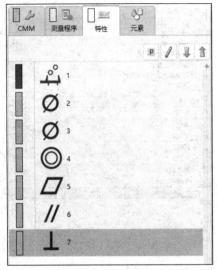

图 1-85　定义完成的 7 个特性设置

七、检查安全五项

　　安全五项是指安全平面、安全距离、回退距离、探针系统、测针。在编辑完元素和特性之后，需要对安全五项进行检查和修改，确保无误后，才能运行测量程序。

微课

检查安全五项

（一）检查齿轮泵体零件的安全平面

　　单击【测量程序】选项卡中的【程序元素编辑】选项，如图 1-86（a）所示，在【程序元素编辑】对话框的下拉列表中选择【移动】→【安全平面组】选项，如图 1-86（b）所示。

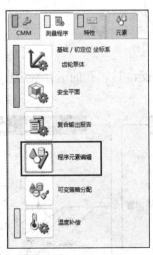

（a）【测量程序】选项卡

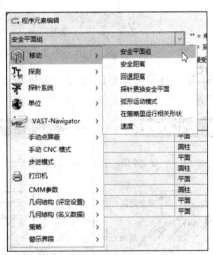

（b）选择【安全平面组】

图 1-86　程序元素编辑

对齿轮泵体零件的安全平面组进行修改，修改后的安全平面组如图1-87所示。

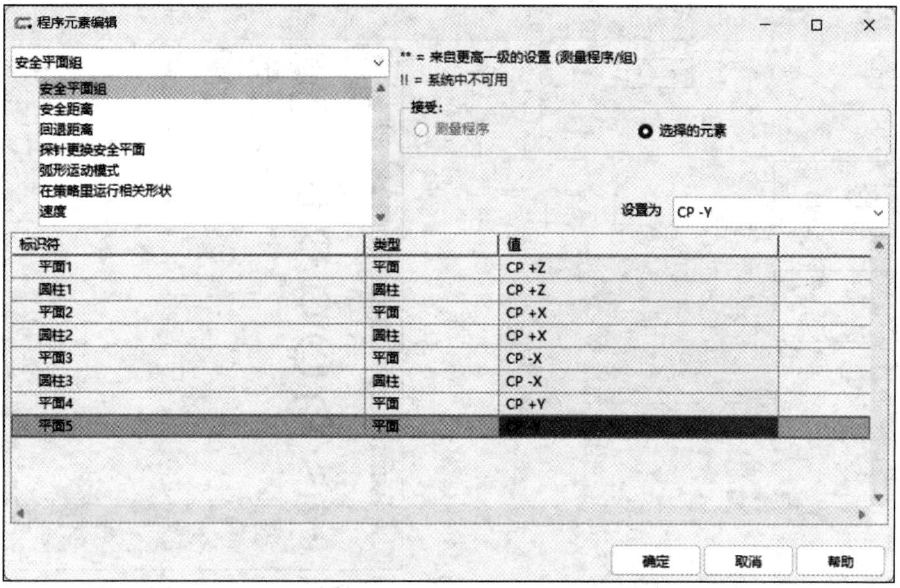

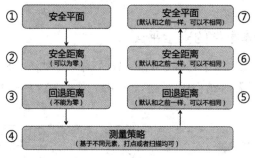

图1-87 齿轮泵体零件的安全平面组设置

（二）检查齿轮泵体零件的安全距离

每个元素能完整运行下来，都要经历如下过程：安全平面→安全距离→回退距离→测量策略→回退距离→安全距离→安全平面，如图1-88所示。

图1-88 测量元素的运行过程

点、孔、斜面3类常见元素的运行轨迹如图1-89所示。这里孔的运行轨迹也适用于圆柱、圆锥、槽等元素。

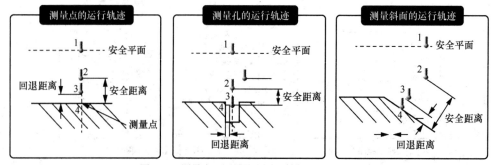

图1-89 测量点、测量孔和测量斜面的运行轨迹

安全距离和回退距离是两个设定的长度。元素与元素之间走安全距离，元素内走回退距离。回退距离从接触位置开始计算，安全距离从接触位置加上回退距离的位置开始计算。在进针方向与元素法向相同的情况下，安全距离使用默认值或者 0；当元素法向与进针方向不同时，一定要设置安全距离。这里安全距离保持默认值，如图 1-90 所示。

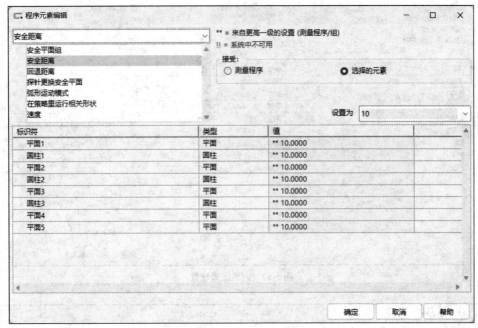

图 1-90　安全距离设置

（三）检查齿轮泵体零件的回退距离

回退距离是指在元素内部策略到策略或单点到单点之间移动时，探针回退的长度。在测量内孔（或内槽）时需要注意回退距离不能太大，回退距离应小于孔的直径与测球的直径的差，以免回退时碰到孔的另外一侧，如图 1-91 所示。

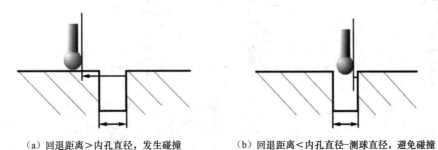

（a）回退距离＞内孔直径，发生碰撞　　　（b）回退距离＜内孔直径-测球直径，避免碰撞

图 1-91　测量内孔时的回退距离设置分析

这里回退距离保持默认值，如图 1-92 所示。

（四）检查齿轮泵体零件的探针系统

在【程序元素编辑】对话框的下拉列表中选择【探针系统】→【探针系统】选项，检查探针系统设置是否正确，如图 1-93 所示。

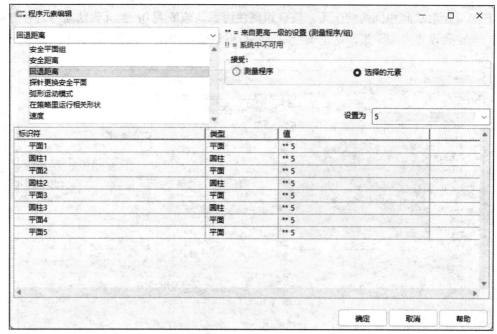

图 1-92　回退距离设置

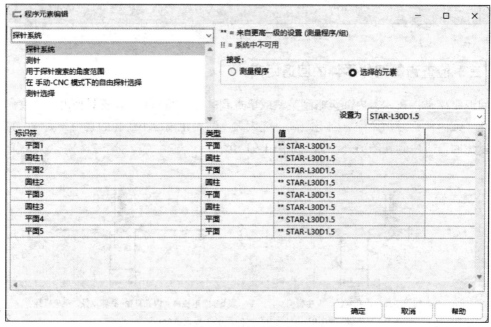

图 1-93　探针系统设置

（五）检查齿轮泵体零件的测针

齿轮泵体零件的测针设置如图 1-94 所示。

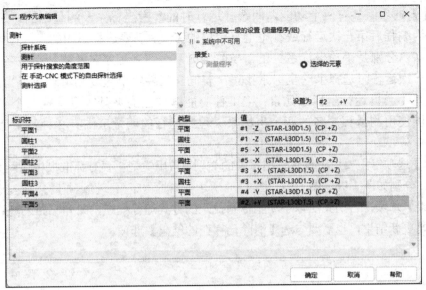

图 1-94　测针设置

八、运行测量程序

微课

运行测量程序
（脱机模拟）

（1）单击【特性】选项卡或【元素】选项卡下方的【运行】按钮，打开【启动测量】对话框，如图 1-95 所示。【启动测量】对话框由 3 部分组成，分别是左边的【选择】选项组、中间的【结果】选项组、右侧的【CMM】选项组。

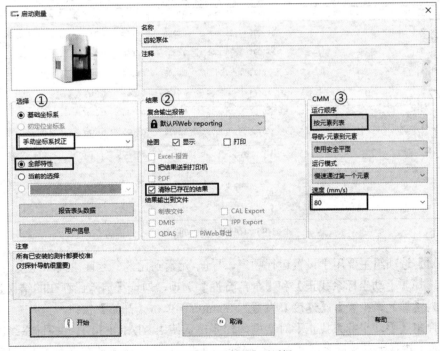

图 1-95　【启动测量】对话框

【选择】选项组共有两个功能，即选择运行时的参考坐标系及测量范围。运行时针对工件是否为编程后第一次运行或有无重复定位的夹具，需要选择不同的运行坐标系。共有4种坐标系，分别是手动坐标系找正、当前坐标系、测量程序名及测量程序名（CNC）。当程序第一次运行时选择手动坐标系找正；若同一工件需要重复测量时选择当前坐标系，在运行时就不会再运行坐标系元素；当工件有能够定位的夹具时且从第二个工件开始测量，就可以使用测量程序名的两个坐标系。程序运行的测量范围有2种：全部特性和当前的选择。

【结果】选项组主要用于设置输出报告的类型，常用类型主要有标准报告、紧凑报告和自定义报告，分别如图1-96、图1-97、图1-98所示。测量程序第一次运行时需要勾选【清除已存在的结果】选项，否则无法以手动坐标系找正的方式运行程序。此外，如果测量程序已经运行，但要更新结果，也需要勾选【清除已存在的结果】选项。

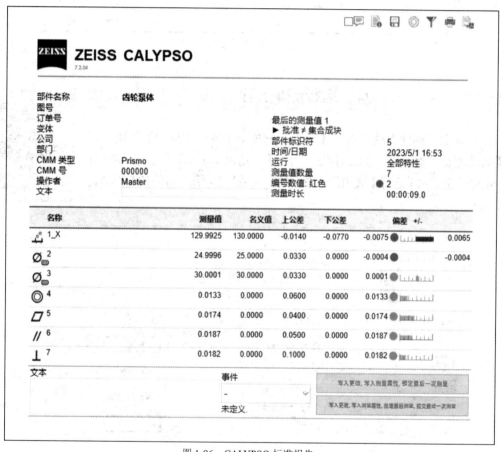

图1-96 CALYPSO 标准报告

【CMM】选项组主要用于设置运行顺序、导航-元素到元素、运行模式和速度。

（2）选择【手动坐标系找正】和【全部特性】选项，勾选【清除已存在的结果】，【运行顺序】设为【按元素列表】，【速度】设置为80mm/s，单击【开始】按钮。

（3）弹出【手动坐标系找正】对话框，程序提示使用 STAR-L30D1.5 探针系统的 1 号测针，对平面 1 进行手动坐标系找正。在三坐标测量机上，用 1 号测针在平面 1 上采集 4 个点，按下操作面板上的 Return 键或单击【确定】按钮，如图 1-99 所示。

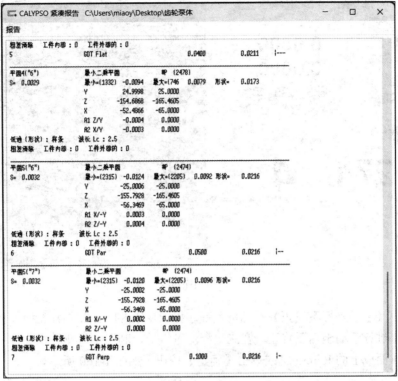

图 1-97　CALYPSO 紧凑报告

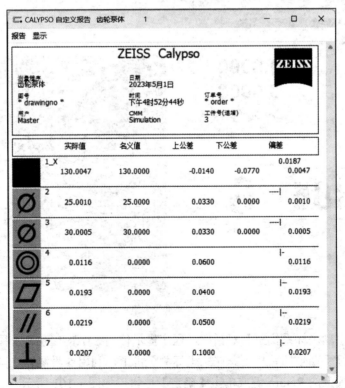

图 1-98　CALYPSO 自定义报告

 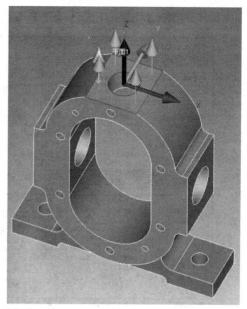

图 1-99　运行坐标系元素：平面 1

（4）弹出【手动坐标系找正】对话框，程序提示使用 STAR-L30D1.5 探针系统的 1 号测针，对圆柱 1 进行手动坐标系找正。在三坐标测量机上，利用 1 号测针在圆柱 1 上采集 6 个点，按下操作面板上的 Return 键或单击【确定】按钮，如图 1-100 所示。

 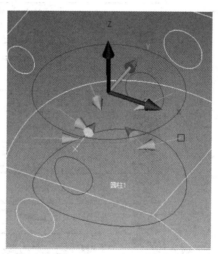

图 1-100　运行坐标系元素：圆柱 1

（5）弹出【手动坐标系找正】对话框，程序提示使用 STAR-L30D1.5 探针系统的 5 号测针，对圆柱 2 进行手动坐标系找正。在三坐标测量机上，利用 5 号测针在圆柱 2 上采集 6 个点，按下操作面板上的 Return 键或单击【确定】按钮，如图 1-101 所示。

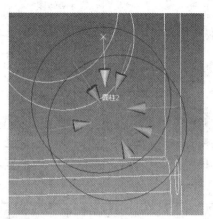

图 1-101　运行坐标系元素：圆柱 2

（6）弹出【警告】对话框，提示【测量程序将以 CNC 模式继续，请将探针移到安全位置！】，如图 1-102 所示。将探针移到安全位置后，按下操作面板上的 Return 键或单击【确定】按钮。三坐标测量机开始自动运行程序，程序运行结束后，弹出图 1-96 所示的测量报告。

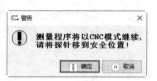

图 1-102　提示以 CNC 模式运行

【项目评价】

齿轮泵体零件三坐标测量评分参照表 1-3。

表 1-3　　　　　　　　　齿轮泵体零件三坐标测量评分表

序号	项目	考核内容	配分	得分
1		基础坐标系建立	5	
2		安全平面设置	3	
3		零件装夹	4	
4	测量策略及评定设置	平面 1	2	
5		平面 2	2	
6		平面 3	2	
7		平面 4	2	
8		平面 5	2	
9		圆柱 1	3	
10		圆柱 2	3	
11		圆柱 3	3	

续表

序号	项目	考核内容	配分		得分
12		1 号特性	2		
13		2 号特性	2		
14		3 号特性	2		
15	特性设置	4 号特性	2		
16		5 号特性	2		
17		6 号特性	2		
18		7 号特性	2		
19		探针系统	8		
20		测针	8		
21	安全五项设置	安全平面	8		
22		安全距离	8		
23		回退距离	8		
24	程序运行设置		5		
25	三坐标测量操作规范		10		
	合计		100	总得分	

【拓展训练】

根据检测要求完成轴承盖零件的脱机编程，如图 1-103 所示，提交脱机编程程序（电子版）和检测报告（纸质版）。

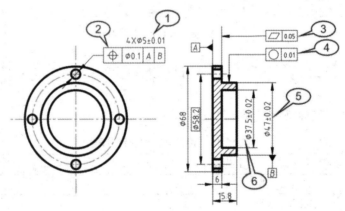

图 1-103　轴承盖零件检测项目编号

项目二
传动轴零件三坐标测量

【教学导航】

知识目标

（1）能够阐述低通、带通、高通3种不同滤波类型的特点；

（2）能够分辨RDS旋转测头的A角和B角；

（3）能够理解轴类零件公共轴线的建立方法。

技能目标

（1）能够校准RDS多角度测针；

（2）能够建立带键槽的轴类零件的坐标系；

（3）能够构造阶梯圆柱和对称平面；

（4）能够完成不同方向的测针测量同一个圆柱面的策略设置；

（5）能够使用传输格式选项简化编程过程；

（6）能够评价圆柱度、径向跳动、径向全跳动、对称。

素养目标

（1）具备良好的安全意识；

（2）具有全局观念，与团队成员良好协作。

【知识储备】

一、滤波类型和滤波方法

图2-1所示是一个探针在粗糙表面测量的放大图，测量点在图中也被放大，表面粗糙度被认为是引起"噪点"的原因。在大多数的测量任务中，只有形状误差是重要的，粗糙度只会干扰甚至误判测量结果。通常而言，滤波会分离由表面粗糙度产生的形状误差。

滤波有3种类型，分别是低通滤波、带通滤波和高通滤波，如图2-2所示。低通滤波忽略了工件的粗糙度与波纹度，只有形状是可见的；带通滤波只允许某一高度的带宽或低频的部分通过，工件的波纹与形状是可见的，通常用来检测或确认工件的波纹度；高通滤波只允许工件表面的高频部分通过，工件的任何形状都不会被识别出来，只反映工件的粗糙度。

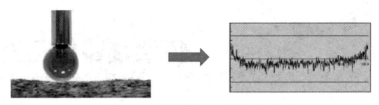

图 2-1　探针在粗糙表面测量的放大图

CALYPSO 软件提供了 4 种滤波类型，分别是高斯（Gauss）滤波、样条滤波、2-RC 滤波和形态滤波。

（1）高斯滤波：坐标测量技术中的标准滤波方法，被广泛使用。计算原理是使用高斯曲线加权计算测量点得到新的轮廓。

（2）样条滤波：一种基于滤波方程的增强滤波方法（多项式计算）。样条滤波也是标准滤波方法，优于高斯滤波。

（3）2-RC 滤波：不再使用。其是圆度测量最初的标准化滤波器，但是已被现代滤波计算所取代。

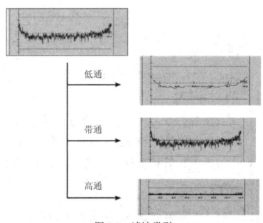

图 2-2　滤波类型

（4）形态滤波：基于 ISO 16610-40/41 的一种新的滤波方法。

二、推荐的滤波设置

如图 2-3 所示，每个波上至少有 7 个测量点，滤波的最少点数计算公式为：最少点数=测量长度×每个波的点数÷截止波长。例如，测量长度为 113mm，每个波的点数为 7，截止波长为 0.25mm，那么最少点数为：113×7÷0.25=3164 个。

孔/轴测量策略的推荐滤波设置如表 2-1 所示。

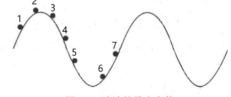

图 2-3　滤波的最少点数

表 2-1　　　　　　　　　　孔/轴测量策略的推荐滤波设置

孔/轴直径/mm	截止波长/UPR	滤波类型	给定角度范围的每圈探测点数	探针建议直径/mm
<8	15	高斯滤波	400°范围最少 145	≤3
8～25	50	高斯滤波	380°范围最少 425	≤3
25～80	150	高斯滤波	380°范围最少 1270	≤3
80～250	500	高斯滤波	380°范围最少 4250	5
>250	1500	高斯滤波	380°范围最少 12700	>5

注：UPR（Undulation Per Revolution）表示每个圆周的波动数量。

根据平面尺寸，平面测量策略的推荐滤波设置如表 2-2 所示。

表 2-2 平面测量策略的推荐滤波设置（根据平面尺寸）

平面尺寸（长度）/mm	截止波长/mm	滤波类型	探针建议直径/mm	扫描速度/(mm/s) 主动扫描	扫描速度/(mm/s) 被动扫描	步距/mm
<25	0.8	高斯滤波	3	≤5	≤3	0.1
25～80	0.8	高斯滤波	3	≤10	≤5	0.1
80～250	2.5	高斯滤波	3	≤20	≤10	0.31
>250	8.0	高斯滤波	5	≤40	≤20	1.0

根据平面粗糙度，平面测量策略的推荐滤波设置如表 2-3 所示。

表 2-3 平面测量策略的推荐滤波设置（根据平面粗糙度）

粗糙度/μm	截止波长/mm	滤波类型	探针建议直径/mm	扫描速度/(mm/s) 主动扫描	扫描速度/(mm/s) 被动扫描	步距/mm
$Ra \leq 0.025$ 或 $Rz \leq 0.1$	0.25	高斯滤波	1	≤5	≤3	0.031
$0.025 < Ra \leq 0.4$ 或 $0.1 < Rz \leq 1.6$	0.8	高斯滤波	3	≤10	≤5	0.1
$0.4 < Ra \leq 3.2$ 或 $1.6 < Rz \leq 12.5$	2.5	高斯滤波	3	≤20	≤10	0.31
$Ra > 3.2$ 或 $Rz > 12.5$	8.0	高斯滤波	5	≤40	≤20	1.0

【检测项目描述】

现接到某机械加工厂的传动轴零件的检测任务，要求如下。

（1）完成图纸中传动轴零件的检测，检测项目如图 2-4 所示。

（2）测量报告输出项目有尺寸名称、实测值、公差值、超差值，格式为 PDF 文件。

（3）测量任务结束后，检测人员打印报告并签字确认。

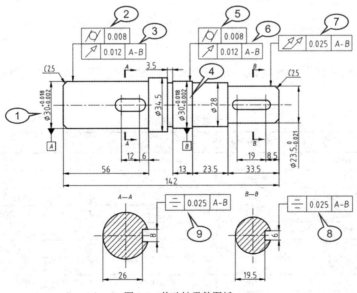

图 2-4 传动轴零件图纸

｜任务一　测量方案规划｜

一、分析零件图纸

通过分析传动轴零件图纸，用图纸中 $\phi23.5^{0}_{-0.021}$ 圆柱轴线确定坐标系的+Z 轴方向；用 $\phi23.5^{0}_{-0.021}$ 轴段上键槽的对称点，来确定坐标系的+X 轴方向；根据右手法则，已知 Z 轴、X 轴方向，可以确定 Y 轴方向。确定坐标系方向之后，确定坐标原点。根据 $\phi23.5^{0}_{-0.021}$ 圆柱的轴线位置，确定 X 轴和 Y 轴原点；根据 $\phi23.5^{0}_{-0.021}$ 圆柱的右端面，确定 Z 轴原点。综上所述，为了建立基础坐标系，需要提取圆柱 1、平面 1 和对称点 1，如图 2-5 所示。

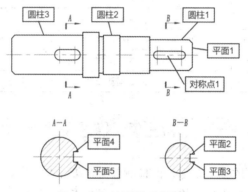

图 2-5　传动轴零件元素编号

除此之外，为了完成传动轴零件的 9 个检测项目，还需要提取圆柱 2、圆柱 3、平面 2、平面 3、平面 4 和平面 5，测量元素编号如图 2-5 所示。

二、制定测量规划

根据对传动轴零件图纸和检测项目的分析，为便于厘清思路，制定传动轴尺寸检测表，如表 2-4 所示。

表 2-4　　　　　　　　　　　传动轴尺寸检测表

序号	尺寸描述	理论值/mm	公差/mm	关联元素
1	直径	30	+0.018/+0.002	圆柱 3
2	圆柱度	0	0.008	圆柱 3
3	径向跳动	0	0.012	圆柱 2、圆柱 3
4	直径	30	+0.018/+0.002	圆柱 2
5	圆柱度	0	0.008	圆柱 2
6	径向跳动	0	0.012	圆柱 2、圆柱 3
7	径向全跳动	0	0.025	圆柱 1、圆柱 2、圆柱 3
8	对称	0	0.025	平面 2、平面 3、圆柱 2、圆柱 3
9	对称	0	0.025	平面 4、平面 5、圆柱 2、圆柱 3

|任务二　软硬件配置|

一、三坐标测量机

根据被测零件的外形尺寸，选用型号为 SPECTRUM 556 的三坐标测量机，其中数字 556 表示 X 轴行程为 500mm，Y 轴行程为 500mm，Z 轴行程为 600mm，配套旋转式探测系统 RDS VAST XXT。

二、工作探针选型及校准

根据传动轴零件的被测尺寸要求，选择直径为 1.5mm、长度为 40mm 的探针，配置 RDS 旋转测头，可以满足多方位的测量需求。

（1）将标准球固定在大理石平台上，当前倾斜角为 180°，旋转角为 0°，如图 2-6 所示。首先进行主探针的校准，然后进行工作探针的校准，主探针的校准步骤参考项目一，此处不再赘述。

（2）将工作探针安装到传感器上，注意，要将传感器上的点位和吸盘上的点位相对应。

（3）在【CMM】选项卡中选择【探针系统】，如图 2-7 所示。

图 2-6　安装标准球　　　　　　　　　　图 2-7　选择【探针系统】

（4）在【探针校准】对话框中单击【手动更换探针】选项，如图 2-8（a）所示。弹出图 2-8（b）所示的界面，选择【安装探针】选项。弹出图 2-8（c）所示的【选择探针】对话框，单击右下角的【新建】按钮。

（5）弹出图 2-9（a）所示的【创建新的探针】对话框，此时需要为新建的探针命名。首先在【探针系统】列表框中输入 "D1.5L40"，表示红宝石标准球直径为 1.5mm，测杆总长度为 40mm。设置【测针】为 A0B0，【测针号】为 1，单击【确定】按钮。此时【选择探针】对话框如图 2-9（b）所示，单击【确定】按钮。关闭图 2-8（b）所示的对话框。

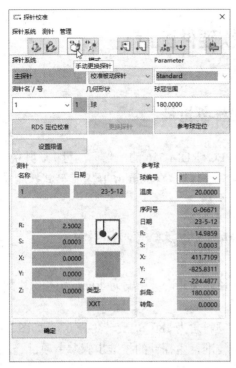

（a）【探针校准】对话框

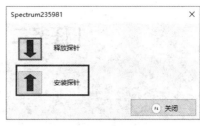

（b）【安装探针】选项

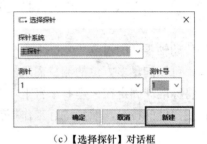

（c）【选择探针】对话框

图 2-8　安装工作探针

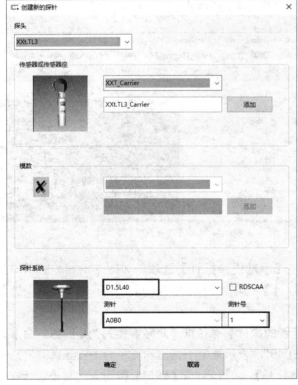

（a）【创建新的探针】对话框

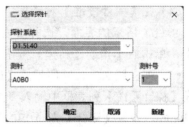

（b）【选择探针】对话框

图 2-9　创建新的探针

（6）单击【探针校准】对话框中的【校准测针】按钮，如图 2-10 所示，此时弹出的探测力设置界面如图 2-11 所示，单击【确定】按钮。接着，软件提示【请沿着测杆的方向探测】，如图 2-12 所示。将 1 号测针移动到标准球正上方，沿着−Z 轴方向，通过标准球球心在标准球正上方采点，如图 2-13 所示，接着开始自动校准 1 号测针。

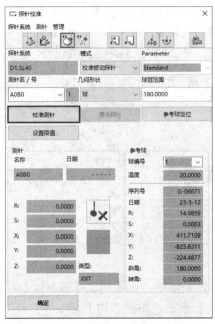

图 2-10 单击【校准测针】

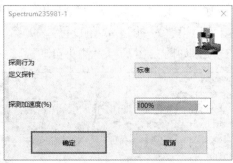

图 2-11 探测力设置

图 2-12 【请沿着测杆的方向探测】提示框

（7）1 号测针校准完成后，需要检查校准的结果，即检查【探针校准】对话框中的 R、S、X、Y、Z 数值，如图 2-14 所示。通常工作探针的 S 值应小于 1μm。如果 S 值偏差较大，需排查原因后重新校准。

图 2-13 1 号测针在标准球正上方采点

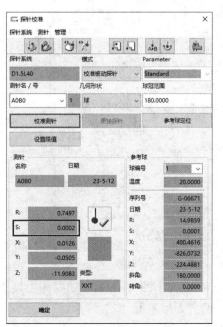

图 2-14 1 号测针校准结果

（8）下面开始校准 2 号测针。在【探针校准】对话框中单击【将探针旋转到新的位置】选项，如图 2-15 所示。RDS 旋转测座通过 A 角和 B 角的旋转配合，以 2.5° 的步距角度，可以组合成 20736 个空间角度，如图 2-15（b）所示。其中 A 角指测头绕 Z 轴旋转的角度，顺时针为正，逆时针为负，角度范围为（-180°，+180°）；B 角指测头的旋转角度，顺时针为负，逆时针为正，机器默认角度将 B 角限制在（-155°，+155°）。在【RDS RC 位置】对话框中，A 角设置为 90°，B 角设置为-90°，确认当前测头位置安全后，单击【在机器上旋转轴】选项，如图 2-16 所示，测头自动旋转到设定角度，然后单击【关闭】按钮。

（a）将探针旋转到新的位置

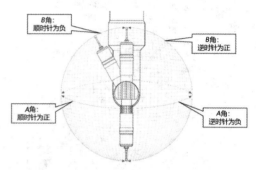

（b）RDS 旋转角度示意图

图 2-15　旋转探针

（9）在【探针校准】对话框中单击【插入新的测针】选项，在【创建新的测针】对话框中，测针设为 A90B-90，【测针号】为 2，单击【确定】按钮，如图 2-17 所示。

图 2-16　设置旋转角度

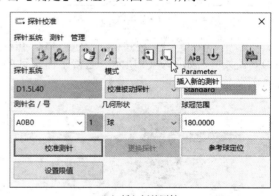

（a）插入新的测针

（b）创建新的测针

图 2-17　插入并创建新的测针

（10）此时弹出图 2-11 所示的探测力设置界面，单击【确定】按钮，然后软件提示【请沿着测杆的方向探测】。将 2 号测针移动到标准球正前方，沿着+Y 轴方向，通过标准球球心在标准球正前方采点，如图 2-18 所示，接着开始自动校准 2 号测针。校准结束后，检查校准结果是否满足要求。

图 2-18 2 号测针在标准球正前方采点

（11）用同样的方法创建并校准 3 号测针 A0B90、4 号测针 A90B90、5 号测针 A0B-90。

三、零件装夹

采用热熔胶固定的方式，将传动轴零件固定在 V 形块上，再用平口钳装夹 V 形块，如图 2-19 所示。

图 2-19 装夹传动轴零件

任务三 测量程序建立及运行

一、导入 CAD 模型

（1）打开 CALYPSO 软件，单击【新建测量程序】选项。选择 CALYPSO 软件菜单栏中的【CAD】→【CAD 文件】→【导入】选项。

（2）在【打开 CAD 文件】对话框中，选择文件类型为【(*.*)】，选择要导入的传动轴零件，单击【确定】按钮。导入的传动轴模型如图 2-20 所示。

微课

导入 CAD 模型

图 2-20　导入的传动轴模型

二、建立工件坐标系

导入模型之后，需要建立测量基准，也就是要建立基础坐标系，具体步骤如下。

微课

建立工件坐标系

（1）采用【抽取元素】的方式，如图 2-21 所示，在传动轴模型中依次抽取圆柱 1、圆柱 2、圆柱 3、平面 1、平面 2、平面 3、平面 4 和平面 5。采用【定义点】的方式，在 $\phi 23.5^{0}_{-0.021}$ 轴段上键槽的两个侧面上各取一个点，得到对称点 1，如图 2-22 所示。此时【元素】选项卡如图 2-23 所示。

图 2-21　从 CAD 模型中选择或创建几何元素

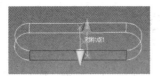

图 2-22　创建键槽的对称点

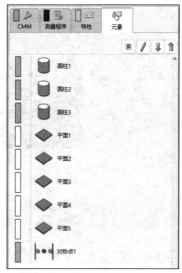

图 2-23　选择和创建的几何元素

（2）单击【测量程序】选项卡中的【基础/初定位 坐标系 机器坐标系】选项，在弹出的对话框中选择【建立新的基础坐标系】选项，方法为【标准方法】，单击【确定】按钮，弹出【基础坐标系】对话框。

（3）【空间旋转】选择【圆柱 1】选项，圆柱 1 的轴线方向为+Z 轴；【平面旋转】选择【对称点 1】选项，方向为+X 轴；【X-原点】选择【圆柱 1】选项，【Y-原点】选择【圆柱 1】选项，【Z-原点】选择【平面 1】选项，单击【确定】按钮，如图 2-24 所示。

（a）定义基础坐标系　　　　（b）建立的基础坐标系

图 2-24　建立传动轴零件的基础坐标系

三、建立安全平面

微课

建立安全平面

单击【测量程序】选项卡中的【安全平面】选项后，弹出【安全平面】对话框，如图 2-25（a）所示。单击【从 CAD 模型提取安全平面】按钮，在弹出的对话框中，【边界距离】设为 20，单击【确定】按钮，然后单击【安全平面】对话框中的【确定】按钮，建立的安全平面如图 2-25（b）所示。

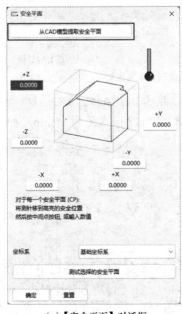

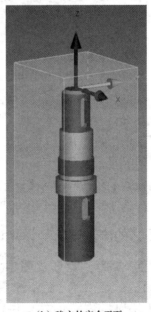

（a）【安全平面】对话框　　　　（b）建立的安全平面

图 2-25　建立传动轴零件的安全平面

四、编辑测量元素

（一）平面1的测量策略和评定设置

微课

编辑测量元素
（平面1、平面2）

平面1的测量策略为平面上的环形路径。具体步骤如下。

（1）双击【元素】选项卡中的【平面1】选项，弹出【元素】对话框，如图2-26（a）所示。单击【元素】对话框中的【策略】按钮，弹出【策略】对话框，单击【平面上的环形路径】图标，创建一个圆路径，如图2-26（b）所示。

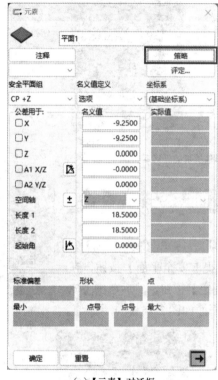

（a）【元素】对话框

（b）【策略】对话框

图2-26 平面1的测量策略设置

（2）双击图2-26（b）所示列表中的【圆路径】，弹出【圆路径】对话框，速度设为10mm/s，步进宽度设为0.1mm，测针为1号测针（A0B0），圆路径直径为15mm，如图2-27所示。单击【圆路径】对话框中的【确定】按钮，然后单击【策略】对话框中的【确定】按钮，完成平面1测量策略的设置。

（3）单击【元素】对话框中的【评定】按钮，弹出【评定】对话框，评定方法选择默认的最小二乘法，勾选【滤波】和【粗差清除】，单击【确定】按钮。

（二）平面2的测量策略和评定设置

平面2的测量策略为多义线，如图2-28所示，在【多义线】对话框中，将速度设为15mm/s，步进宽度设为0.1mm，测针为5号测针（A0B-90）。在【评定】对话框中勾选【滤波】和【粗差清除】（评定方法为默认的最小二乘法）。用同样的方法为平面3、平面4、平面5进行测量策略和评定设置。

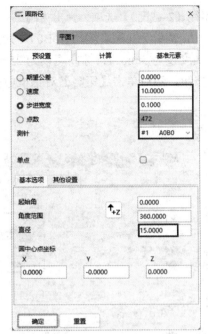

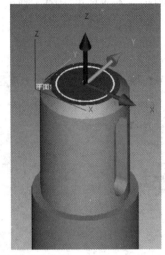

图 2-27 平面 1 的圆路径扫描策略设置

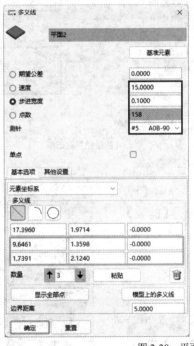

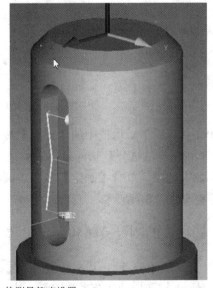

图 2-28 平面 2 的测量策略设置

（三）圆柱 1 的测量策略和评定设置

圆柱 1 的测量策略为 3 个圆路径并且要注意避开键槽。具体步骤如下。

（1）双击【元素】选项卡中的【圆柱 1】选项，弹出【元素】对话框，单击【策略】按钮，弹出【策略】对话框，如图 2-29（a）所示，圆柱 1 默认有 2 个圆路径，需要对其进行修改。

微课

编辑测量元素
（圆柱 1）

（2）双击【策略】对话框列表中的【圆路径（2 截面）】选项，弹出【圆路径】对话框，如图 2-29（b）所示，将每个截面的点数设为 100，测针为 1 号测针（A0B0）。为避开键槽，将起始角设为 20°，角度范围设为 320°。起始高度设为 5mm，目标高度设为 25mm，截面数设为 3。单击【圆路径】对话框中的【确定】按钮，然后单击【策略】对话框中的【确定】按钮，完成圆柱 1 扫描策略的设置。

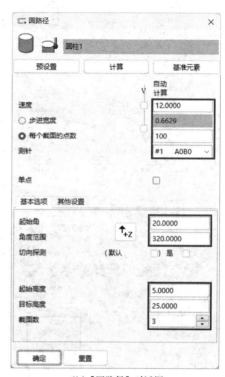

（a）【策略】对话框　　　　　　　　（b）【圆路径】对话框

图 2-29　圆柱 1 的测量策略设置

（3）单击【元素】对话框中的【评定】按钮，弹出【评定】对话框，评定方法选择默认的最小二乘法，勾选【滤波】和【粗差清除】选项，单击【确定】按钮。圆柱 1 的 3 个圆路径扫描策略如图 2-30 所示。

（四）圆柱 3 的测量策略和评定设置

圆柱 3 的测量策略为使用 5 号测针（A0B-90）测量+X 轴一侧的 3 个半圆路径，使用 3 号测针（A0B90）测量-X 轴一侧的 3 个半圆路径。具体步骤如下。

微课

编辑测量元素
（圆柱 3）

（1）双击【元素】选项卡中的【圆柱 3】选项，弹出【元素】对话框，单击【策略】按钮，弹出【策略】对话框，圆柱 3 默认有 2 个圆路径，需要对其进行修改。

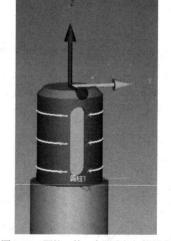

图 2-30　圆柱 1 的 3 个圆路径扫描策略

（2）创建第一层圆路径。双击【策略】对话框列表中的第 1 个圆路径（1 截面），在弹出的【圆路径（1 截面）】对话框中，将起始角设为 90°，角度范围设为 180°，起始高度设为 15mm，步进宽度设为 0.1mm，测针设为 3 号测针（A0B90），如图 2-31（a）所示。双击【策略】对话框列表中的第 2 个圆路径（1 截面），在弹出的【圆路径（1 截面）】对话框中，将测针改为 5 号测针（A0B-90），将起始角改为 270°，其余参数设置与第 1 个圆路径的相同，如图 2-31（b）所示。

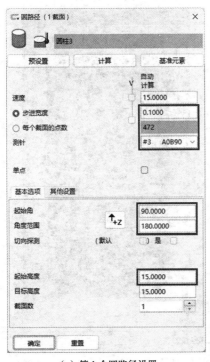 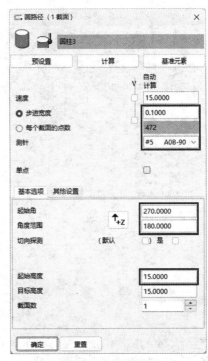

（a）第 1 个圆路径设置　　　　　　　　　　（b）第 2 个圆路径设置

图 2-31　圆柱 3 第一层圆路径策略设置

（3）创建第二层圆路径。在【策略】对话框列表中，复制步骤（2）创建的第一层圆路径，并将起始高度改为 23mm，其余参数保持不变。

（4）创建第三层圆路径。在【策略】对话框列表中，复制步骤（3）创建的第二层圆路径，并将起始高度改为 28mm，其余参数保持不变。此时，6 个圆路径（半圆路径）构成了 3 层圆路径，如图 2-32 所示。

（5）复制【策略】对话框列表中的【安全设置】，为每个圆路径设置一个安全平面，如图 2-33（a）所示，双击【安全设置】打开【安全设置】对话框，可以修改安全平面组，如图 2-33（b）所示。具体说明如下。

第 1 个安全设置中，安全平面为 CP +X。

第 1 个圆路径中，测针为 5 号测针（A0B-90），起始角度为 270°，起始高度为 15mm。

第 2 个安全设置中，安全平面为 CP +X。

第 2 个圆路径中，测针为 5 号测针（A0B-90），起始角度为 270°，起始高度为 23mm。

第 3 个安全设置中，安全平面为 CP +X。

第 3 个圆路径中，测针为 5 号测针（A0B-90），起始角度为 270°，起始高度为 28mm。

第 4 个安全设置中，安全平面为 CP −X。

第 4 个圆路径中，测针为 3 号测针（A0B90），起始角度为 90°，起始高度为 15mm。

第 5 个安全设置中，安全平面为 $CP-X$。

第 5 个圆路径中，测针为 3 号测针（A0B90），起始角度为 90°，起始高度为 23mm。

第 6 个安全设置中，安全平面为 $CP-X$。

第 6 个圆路径中，测针为 3 号测针（A0B90），起始角度为 90°，起始高度为 28mm。

图 2-32　圆柱 3 的 3 层圆路径设置

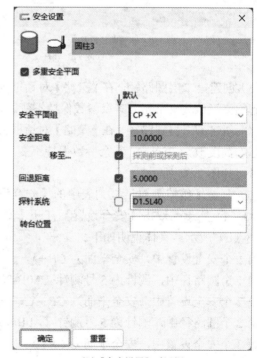

（a）每个圆路径设置一个安全平面　　　　　　（b）【安全设置】对话框

图 2-33　圆柱 3 的安全平面设置

（6）单击【元素】对话框中的【评定】按钮，弹出【评定】对话框，评定方法选择默认

的最小二乘法，勾选【滤波】和【粗差清除】，
单击【确定】按钮。

（7）单击【元素】对话框中的【确定】按钮，
弹出图 2-34 所示的提示框，单击【否】按钮。

图 2-34   是否新建安全数据提示框

（五）圆柱 2 的测量策略和评定设置

使用【传输格式】功能将圆柱 3 的测量策略和评定设置复制给圆柱 2，
并根据圆柱 2 的几何尺寸进行修改。具体步骤如下。

（1）单击【元素】选项卡中的【圆柱 3】选项，然后单击工具栏中的
【传输格式】图标，如图 2-35（a）所示。弹出【复制属性：圆柱 3】对话
框，勾选【评定设置】和【测量策略】选项，如图 2-35（b）所示，在【元
素】选项卡中单击【圆柱 2】选项，单击【确定】按钮。

> 微课
>
> 编辑测量元素
> （圆柱 2）

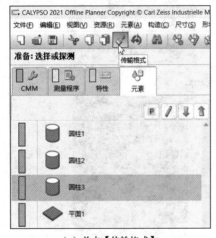

（a）单击【传输格式】

（b）【复制属性：圆柱 3】对话框

图 2-35   传输格式功能

（2）双击【元素】选项卡中的【圆柱 2】选项，可以看到圆柱 2 有 3 层圆路径，如图 2-36 所示。

（3）由于复制得到的圆路径高度不合理，并且圆柱 2 的轴长较小，只需 2 层圆路径，因
此可以删除其中一层圆路径。接下来对每一层圆路径的测针、起始高度，对每一个安全设置
中的安全平面组进行检查和修改，修改后的圆路径如图 2-37 所示。具体说明如下。

第 1 个安全设置中，安全平面为 *CP +X*。

第 1 个圆路径中，测针为 5 号测针（A0B-90），起始角度为 270°，起始高度为 3mm。

第 2 个安全设置中，安全平面为 *CP +X*。

第 2 个圆路径中，测针为 5 号测针（A0B-90），起始角度为 270°，起始高度为 8mm。

第 3 个安全设置中，安全平面为 *CP -X*。

第 3 个圆路径中，测针为 3 号测针（A0B90），起始角度为 90°，起始高度为 3mm。

第 4 个安全设置中，安全平面为 *CP -X*。

第 4 个圆路径中，测针为 3 号测针（A0B90），起始角度为 90°，起始高度为 8mm。

（4）单击【策略】对话框中的【确定】按钮，然后单击【元素】对话框中的【确定】按
钮，弹出图 2-34 所示的提示框，单击【否】按钮。

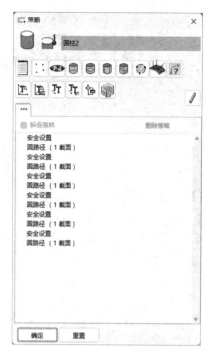

图 2-36　复制得到的圆柱 2 的测量策略

图 2-37　修改后圆柱 2 的测量策略

（六）阶梯圆柱的构造

为了表示公共基准 *A-B*，需要构造阶梯圆柱，具体步骤如下。

（1）单击【元素】→【特殊几何形状】→【阶梯圆柱】选项，如图 2-38 所示。此时【元素】选项卡中出现【阶梯圆柱 1】。

微课

编辑测量元素（阶梯圆柱、对称平面）

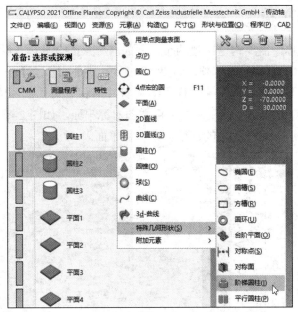

图 2-38 【阶梯圆柱】选项

（2）双击【元素】选项卡中的【阶梯圆柱 1】，打开【元素】对话框，如图 2-39（a）所示，在【名义值定义】下拉列表中选择【调用元素点】选项，在弹出的【调用元素点】对话框的列表框中选择【圆柱 2】选项和【圆柱 3】选项，如图 2-39（b）所示，单击【确定】按钮，然后单击【元素】对话框中的【确定】按钮。

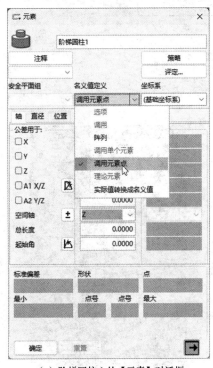

（a）阶梯圆柱 1 的【元素】对话框

（b）【调用元素点】对话框

图 2-39 构造阶梯圆柱

（七）对称平面的构造

为了评价键槽对称，需要构造键槽两个侧面的对称平面，具体步骤如下。

（1）单击【构造】→【对称】选项，如图2-40所示，此时【元素】选项卡中出现【对称1】。

（2）双击【双素】选项卡中的【对称1】，打开【对称】对话框，依次选择【平面2】和【平面3】，单击【确定】按钮，得到圆柱1键槽的对称平面，如图2-41所示。

（3）用同样的方法为圆柱3上的键槽创建对称平面。

图 2-40　【对称】选项

图 2-41　创建键槽的对称平面

五、定义特性设置

微课

定义特性设置

（一）定义 1 号尺寸直径 ϕ130 的特性设置

1 号尺寸 $\phi130^{+0.018}_{+0.002}$ 是圆柱 3 的直径。在圆柱 3 的【元素】对话框中勾选直径【D】选项，按照图纸要求输入公差值和标识符，完成 1 号尺寸的特性设置，如图 2-42 所示。

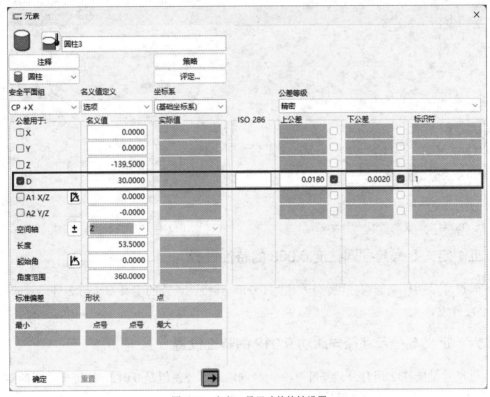

图 2-42 定义 1 号尺寸的特性设置

（二）定义 2 号尺寸圆柱度 0.008 的特性设置

2 号尺寸是圆柱 3 的圆柱度，公差值为 0.008。选择【形状与位置】→【圆柱度】选项，圆柱度的设置如图 2-43 所示。

（三）定义 3 号尺寸径向跳动 0.012 的特性设置

3 号尺寸是圆柱 3 相对公共基准 *A-B* 的径向跳动，公差值是 0.012。选择【形状与位置】→【跳动】→【径向跳动】选项，径向跳动的设置如图 2-44 所示。

（四）定义 4 号尺寸直径 ϕ30 的特性设置

4 号尺寸是圆柱 2 的直径 $\phi30^{+0.018}_{+0.002}$，其特性设置的定义方法与 1 号尺寸的一样，此处不再赘述。

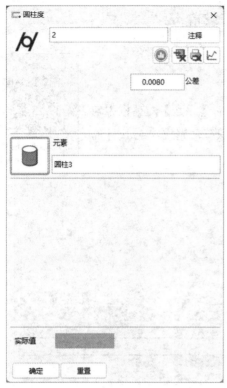

图 2-43　定义 2 号尺寸的特性设置　　　　图 2-44　定义 3 号尺寸的特性设置

（五）定义 5 号尺寸圆柱度 0.008 的特性设置

5 号尺寸是圆柱 2 的圆柱度，公差值为 0.008，其特性设置的定义方法与 2 号尺寸的一样，此处不再赘述。

（六）定义 6 号尺寸径向跳动 0.012 的特性设置

6 号尺寸是圆柱 2 相对公共基准 A-B 的径向跳动，公差值是 0.012，其特性设置的定义方法与 3 号尺寸一样，此处不再赘述。

（七）定义 7 号尺寸径向全跳动 0.025 的特性设置

7 号尺寸是圆柱 1 相对公共基准 A-B 的径向全跳动，公差值是 0.025。选择【形状与位置】→【跳动】→【径向全跳动】选项，径向全跳动的设置如图 2-45 所示。

（八）定义 8 号尺寸对称 0.025 的特性设置

8 号尺寸是键槽的两个侧面（平面 2 和平面 3）的对称平面相对公共基准 A-B 的对称，公差值是 0.025。选择【形状与位置】→【对称】选项，如图 2-46 所示。

（九）定义 9 号尺寸对称 0.025 的特性设置

9 号尺寸是圆柱 3 键槽的对称平面相对公共基准 A-B 的对称，公差值是 0.025，其特性设置的定义方法与 8 号尺寸的一样，此处不再赘述。

图 2-45　定义 7 号尺寸的特性设置

图 2-46　定义 8 号尺寸的特性设置

六、检查安全五项

安全五项是指安全平面、安全距离、回退距离、探针系统、测针。在编辑完元素和特性之后，需要对安全五项进行检查和修改，确保无误后，才能运行测量程序。

微课

检查安全五项

（一）检查传动轴零件的安全平面

单击【测量程序】选项卡中的【程序元素编辑】选项，如图 2-47（a）所示，在【程序元素编辑】对话框的下拉列表中选择【移动】→【安全平面组】选项，如图 2-47（b）所示。

（a）【测量程序】选项卡

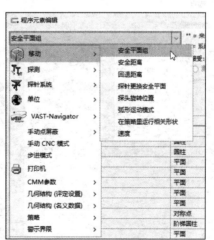

（b）选择【安全平面组】

图 2-47　程序元素编辑

对传动轴零件的安全平面组进行修改，修改后的安全平面组如图 2-48 所示。

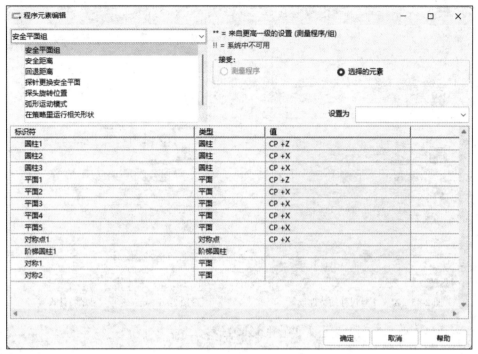

图 2-48　传动轴零件的安全平面组设置

（二）检查传动轴零件的安全距离

安全距离都设为 0，如图 2-49 所示。

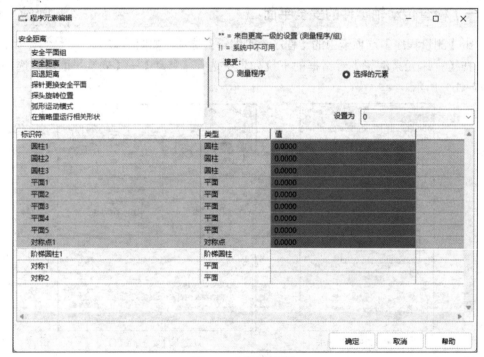

图 2-49　安全距离设置

（三）检查传动轴零件的回退距离

由于圆柱 1 上的键槽宽度为 6mm，测针名义球径为 1.5mm，因此将回退距离设置为 3mm，如图 2-50 所示。

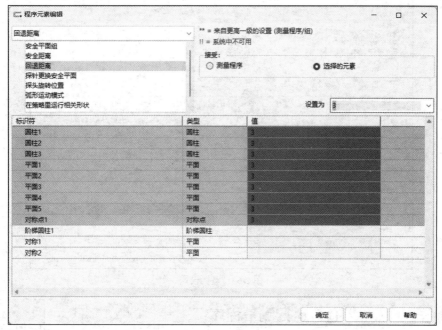

图 2-50　回退距离设置

（四）检查传动轴零件的探针系统

在【程序元素编辑】对话框上方的下拉列表中选择【探针系统】→【探针系统】选项，检查探针系统设置是否正确，如图 2-51 所示。

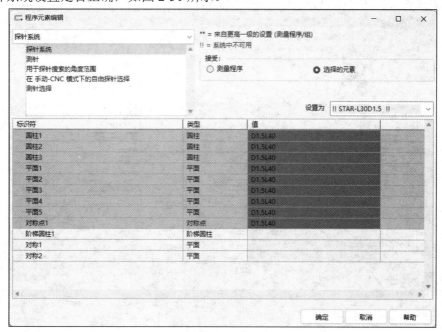

图 2-51　探针系统设置

（五）检查传动轴零件的测针

传动轴零件的测针设置如图 2-52 所示。

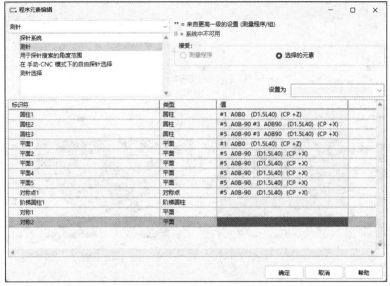

图 2-52　测针设置

七、运行测量程序

微课

运行测量程序
（脱机模拟）

（1）单击【特性】选项卡或【元素】选项卡下方的【运行】按钮，进入
【启动测量】对话框，如图 2-53 所示。首先勾选【清除已存在的结果】选项，
然后选择【手动坐标系找正】和【全部特性】选项，【运行顺序】设为【按
元素列表】，【速度】设为 80mm/s，单击【开始】按钮。

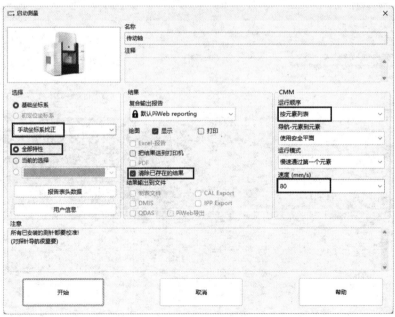

图 2-53　【启动测量】对话框

（2）弹出探头旋转提示框，如图 2-54 所示，确认当前探头处于安全位置后，单击【确定】按钮或按下操作面板中的 Return 键。

（3）弹出【手动坐标系找正】对话框，程序提示使用 D1.5L40 探针系统的 1 号测针（A0B0），对圆柱 1 进行手动坐标系找正。在三坐标测量机上，利用 1 号测针在圆柱 1 上采集 5 个点，单击【确定】按钮或按下操作面板中的 Return 键，如图 2-55 所示。

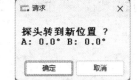

图 2-54　探头旋转提示框（1）

图 2-55　运行坐标系元素：圆柱 1

（4）弹出【手动坐标系找正】对话框，程序提示使用 D1.5L40 探针系统的 1 号测针（A0B0），对平面 1 进行手动坐标系找正。在三坐标测量机上，利用 1 号测针在平面 1 上采集 3 个点，单击【确定】按钮或按下操作面板中的 Return 键，如图 2-56 所示。

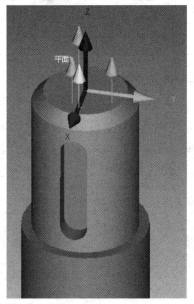

图 2-56　运行坐标系元素：平面 1

（5）弹出探头旋转提示框，如图 2-57 所示，确认当前探头处于安全位置后，单击【确定】按钮或按下操作面板中的 Return 键。

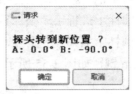

图 2-57　探头旋转提示框（2）

（6）弹出【手动坐标系找正】对话框，程序提示使用 D1.5L40 探针系统的 5 号测针（A0B-90），对对称点 1 进行手动坐标系找正。在三坐标测量机上，按照软件提示的顺序，利用 5 号测针在圆柱 1 键槽的两个侧面上分别采集 1 个点，如图 2-58 所示，单击【确定】按钮或按下操作面板中的 Return 键。

图 2-58　运行坐标系元素：对称点 1

（7）提示"测量程序将以 CNC 模式继续，请将探针移到安全位置！"，如图 2-59 所示，将探针移到安全位置后，单击【确定】按钮。三坐标测量机开始自动运行程序，程序运行结束后，自动弹出图 2-60 所示的测量报告。

图 2-59　提示以 CNC 模式运行

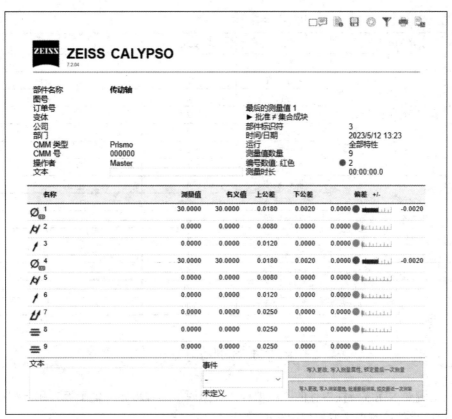

图 2-60　生成的测量报告

【项目评价】

传动轴零件三坐标测量评分参照表 2-5。

表 2-5　　　　　　　　　传动轴零件三坐标测量评分表

序号	项目	考核内容	配分	得分
1	基础坐标系建立		5	
2	安全平面设置		2	
3	零件装夹		3	
4	测量策略和评定设置	平面 1	2	
5		平面 2	2	
6		平面 3	2	
7		平面 4	2	
8		平面 5	2	
9		圆柱 1	3	
10		圆柱 2	5	
11		圆柱 3	5	
12	元素构造	对称平面	3	
13		阶梯圆柱	3	
14	特性设置	1 号特性	2	
15		2 号特性	2	

续表

序号	项目	考核内容	配分	得分	
16		3 号特性	2		
17		4 号特性	2		
18		5 号特性	2		
19	特性设置	6 号特性	2		
20		7 号特性	2		
21		8 号特性	2		
22		9 号特性	2		
23		探针系统	4		
24		测针	8		
25	安全五项设置	安全平面	8		
26		安全距离	4		
27		回退距离	4		
28	程序运行设置		5		
29	三坐标测量操作规范		10		
合计			100	总得分	

【拓展训练】

根据检测要求完成滑柱零件的脱机编程，提交脱机编程程序（电子版）和检测报告（纸质版），滑柱零件检测项目编号如图 2-61 所示。

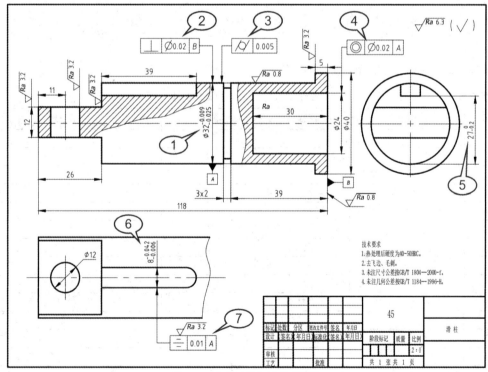

图 2-61　滑柱零件检测项目编号

项目三
叶轮零件三坐标测量

【教学导航】

知识目标

（1）掌握曲线轮廓度与线轮廓度的计算方法；

（2）掌握最佳拟合与位置、角度误差之间的关系；

（3）掌握 3D 曲线和自由曲面的创建方法。

技能目标

（1）能够建立叶轮类零件的坐标系；

（2）能够创建 3D 曲线和自由曲面；

（3）能够为 3D 曲线和自由曲面设置合理的测量策略；

（4）能够通过坐标变换的方式平移和旋转元素。

（5）能够评价线轮廓度和面轮廓度。

素养目标

（1）具备质量意识与责任心；

（2）自觉遵守三坐标测量机安全操作规程，爱护测量仪器。

【知识储备】

一、曲线轮廓度与线轮廓度的计算方法

CALYPSO 软件中轮廓度包括线轮廓度和面轮廓度。其中线轮廓度适用元素为曲线。同时软件中还有曲线轮廓度，适用元素也是曲线。

CALYPSO 软件中轮廓度计算参考 ISO 1101—2017，线轮廓度和面轮廓度按照极大偏差和极小偏差中绝对值的较大值的两倍计算。

在 CALYPSO 软件中，当实际点分布在名义轮廓的两边时，曲线轮廓度按照极大偏差和极小偏差的差值计算，如图 3-1（a）所示；当实际点全部分布在名义轮廓的一边时，曲线轮廓度等于极大偏差和极小偏差中绝对值的较大值，如图 3-1（b）所示。

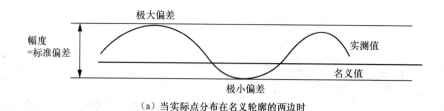

（a）当实际点分布在名义轮廓的两边时

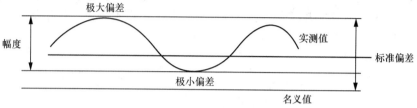

（b）当实际点全部分布在名义轮廓的一边时

图 3-1　曲线轮廓度的计算方法

二、最佳拟合

　　一条实际曲线既包含形状，又包含位置误差，所以通常来说，线轮廓度是带基准的，但有时候也会遇到不带基准的线轮廓度，如图 3-2 所示，该如何求解？同样，对于曲线轮廓度，也有带基准和不带基准两种状态，该如何求解？

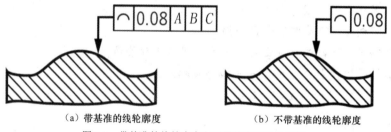

（a）带基准的线轮廓度　　　　　　　　（b）不带基准的线轮廓度

图 3-2　带基准的线轮廓度和不带基准的线轮廓度

　　如果在曲线评定里进行了最佳拟合设置，并且勾选了【沿 X】【沿 Y】【沿 Z】【绕 X 轴】【绕 Y 轴】【绕 Z 轴】，如图 3-3 所示，那么该曲线轮廓度就消除了位置和角度误差，这时就是不带基准的曲线轮廓度。

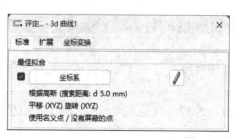

图 3-3　最佳拟合设置

　　举例来说，评价曲线轮廓度，不选择【最佳拟合】，曲线轮廓度如图 3-4（a）所示，最小偏差是 0.1980，最大偏差是 0.3524，形状偏差是 0.3524；选择【最佳拟合】，曲线轮廓度如

图 3-4（b）所示，最小偏差是 –0.0351，最大偏差是 0.0330，形状偏差是 0.0680。从结果可以看出，拟合后的数据消除了部分位置带来的误差。

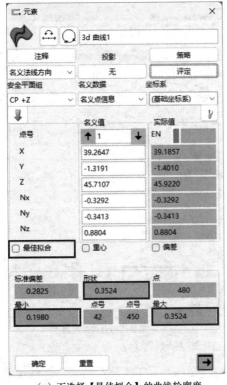

（a）不选择【最佳拟合】的曲线轮廓度

（b）选择【最佳拟合】的曲线轮廓度

图 3-4　最佳拟合对曲线轮廓度的影响

三、曲线轮廓度与线轮廓度的实际数值计算

已知一条曲线，不采用最佳拟合时，最小偏差为 0.1980，最大偏差为 0.3524；采用最佳拟合时，最小偏差为 –0.0351，最大偏差为 0.0330，如图 3-4 所示。下面通过实际数值分析，讨论线轮廓度与曲线轮廓度的关系。

（1）带基准的曲线轮廓度和线轮廓度计算

曲线轮廓度结果（未加最佳拟合）= max[abs(0.3524), abs(0.1980)] = 0.3524（实际点全部分布在名义轮廓的一边），如图 3-5（a）所示。

线轮廓度结果（未加最佳拟合）= max[abs(0.3524), abs(0.1980)] × 2 = 0.7048，如图 3-5（b）所示。

（2）不带基准的曲线轮廓度和线轮廓度计算

曲线轮廓度结果（最佳拟合）= 0.0330 –（–0.0351）= 0.0681（实际点分布在名义轮廓的两边），如图 3-6（a）所示。需要说明的是，0.0681 与 0.0680 相差 0.0001，是数值四舍五入造成的。

线轮廓度结果（最佳拟合）= max[abs(0.0330), abs(–0.0351)] × 2 = 0.0702，如图 3-6（b）所示。

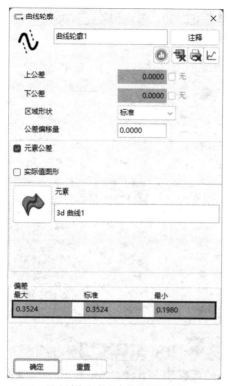
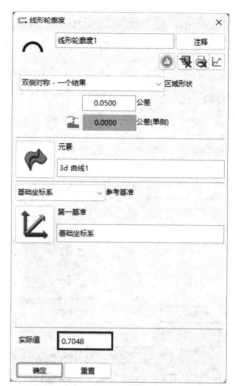

（a）未加最佳拟合的曲线轮廓度　　　　　　　（b）未加最佳拟合的线轮廓度

图 3-5　未加最佳拟合的曲线轮廓度和线轮廓度

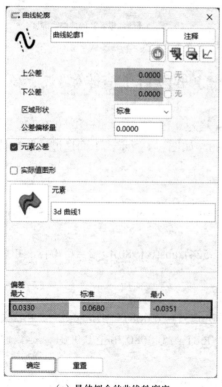

（a）最佳拟合的曲线轮廓度　　　　　　　　　（b）最佳拟合的线轮廓度

图 3-6　最佳拟合的曲线轮廓度和线轮廓度

【检测项目描述】

推进器叶轮的三维模型如图 3-7 所示，其二维图纸如图 3-8 所示。现要求检测叶轮叶片的线轮廓度和面轮廓度。

（a）轴测图　　　　　　　　　　（b）俯视图

图 3-7　推进器叶轮的三维模型

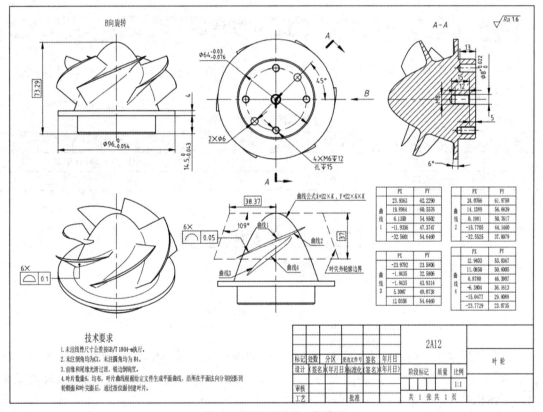

图 3-8　推进器叶轮的二维图纸

|任务一　测量方案规划|

一、分析零件图纸

在三坐标测量过程中，建立正确的坐标系是保证测量尺寸准确的必要前提，是后续测量的基础。叶轮零件元素编号如图 3-9 所示，用平面 1 的法向确定坐标系的−Z 轴方向；通过叶片边缘上的空间点 1 和空间点 2 构造一条 2D 直线，用来确定坐标系的+X 轴方向。根据圆 1 的圆心位置，确定 X 轴原点和 Y 轴原点；根据平面 1 的位置，确定 Z 轴原点。

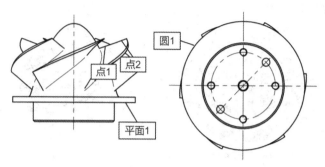

图 3-9　叶轮零件元素编号

二、制定测量规划

根据对叶轮零件图纸和检测项目的分析，为便于厘清思路，制定叶轮零件尺寸检测表，如表 3-1 所示。

表 3-1　　　　　　　　　　　　　叶轮零件尺寸检测表

序号	尺寸描述	理论值/mm	公差/mm	关联元素
1	线轮廓度	0	0.05	3D 曲线（叶片正面）
2	面轮廓度	0	0.1	自由曲面（叶片背面）

|任务二　软硬件配置|

一、三坐标测量机

根据被测零件的外形尺寸，选用型号为 CONTURA 7106 的三坐标测量机，其中数字 7106 表示 X 轴行程为 700mm，Y 轴行程为 1000mm，Z 轴行程为 600mm，配套旋转式探测系统 RDS VAST XXT。

二、工作探针选型及校准

根据叶轮零件的被测尺寸要求，选择直径为 1.5mm、长度为 40mm 的探针，配置 RDS 旋转测头，可以满足多方位的测量需求。

确定测针角度非常重要。如果测针角度不合适，可能会出现测杆探测现象，如图 3-10 所示，严重时甚至会撞针。经过分析，选用的测针如表 3-2 所示。其中测量叶片背面的自由曲面需要用到 6 种不同的测针，如图 3-11 所示。

图 3-10 测杆探测现象

表 3-2   叶轮零件测针选型

序号	元素	测针号	A 角/（°）	B 角/（°）
1	平面 1	3 号	0	90
		5 号	0	−90
2	圆 1	3 号	0	90
		5 号	0	−90
3	点 1、点 2	1 号	0	0
4	叶片正面的 3D 曲线	1 号	0	0
5	叶片 1 背面的自由曲面	5 号	0	−90
6	叶片 2 背面的自由曲面	6 号	−45	−90
7	叶片 3 背面的自由曲面	4 号	90	90
8	叶片 4 背面的自由曲面	3 号	0	90
9	叶片 5 背面的自由曲面	7 号	135	−90
10	叶片 6 背面的自由曲面	2 号	90	−90

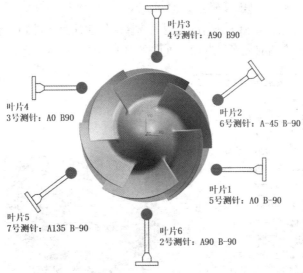

图 3-11 叶片背面测量测针选型分析

    RDS 多角度测针的校准方法详见项目二，此处不再赘述。在校准测针时需要注意，一定要沿着测杆的方向通过标准球球心在标准球上取一点。特别是校准 6 号测针和 7 号测针时，如果第一点位置不对，就会影响测针校准的结果。

三、零件装夹

采用热熔胶固定的方式，将叶轮零件固定在立柱上，如图 3-12 所示。

图 3-12　装夹叶轮零件

| 任务三　测量程序建立及运行 |

一、导入 CAD 模型

（1）打开 CALYPSO 软件，单击【新建测量程序】选项。单击 CALYPSO 软件菜单栏中的【CAD】→【CAD 文件】→【导入】选项。

（2）在【打开 CAD 文件】对话框中，选择文件类型为【STEP】，选择要导入的推进器叶轮零件，单击【确定】按钮。

（3）在 CAD 图标栏中单击【从 CAD 模型中选择或创建几何元素】图标，并从弹出的界面中选择【抽取元素】选项，抽取平面 1，如图 3-13 所示。

微课

导入 CAD 模型

图 3-13　抽取平面 1

（4）选择【在一圆柱上定义圆】选项，定义圆 1，如图 3-14 所示。

（5）选择【定义一空间点】选项，在叶片的边缘处定义点 1 和点 2，如图 3-15 所示。

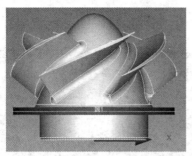

图 3-14　定义圆 1

图 3-15　定义点 1 和点 2

（6）选择【元素】→【2D 直线】选项，此时【元素】选项卡中出现【2-D 直线 1】。双击【2-D 直线 1】，打开【元素】对话框，如图 3-16（a）所示，在【名义值定义】下拉列表中选择【调用元素点】选项，在弹出的【调用元素点】对话框中选择【点 1】选项和【点 2】选项，如图 3-16（b）所示，单击【确定】按钮，然后单击【元素】对话框中的【确定】按钮。

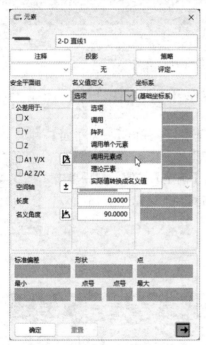

（a）【元素】对话框

（b）【调用元素点】对话框

图 3-16　构造 2D 直线

二、建立工件坐标系

（1）单击【测量程序】选项卡中的【基础/初定位 坐标系 机器坐标系】选项，选择【建立新的基础坐标系】选项，方法为【标准方法】，单击【确定】按钮，弹出【基础坐标系】对话框。

（2）【空间旋转】选择【平面 1】选项，平面 1 的法向为-Z 轴；【平面旋转】选择【2-D 直线 1】选项，方向为+X 轴；【X-原点】选择【圆 1】选项，【Y-原点】选择【圆 1】选项，【Z-原点】选择【平面 1】选项，单击【确定】按钮，建立的基础坐标系如图 3-17 所示。

微课

建立工件坐标系

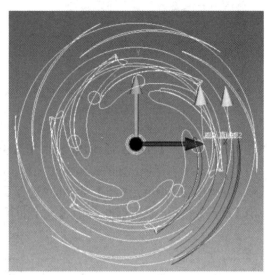

图 3-17　建立叶轮零件的基础坐标系

三、建立安全平面

　　单击【测量程序】选项卡中的【安全平面】选项后，弹出【安全平面】对话框，如图 3-18（a）所示。单击【从 CAD 模型提取安全平面】按钮，在弹出的对话框中，【边界距离】设为 10，单击【确定】按钮，然后单击【安全平面】对话框中的【确定】按钮。建立的安全平面如图 3-18（b）所示。

微课

建立安全平面

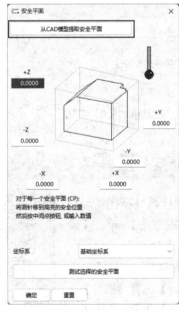
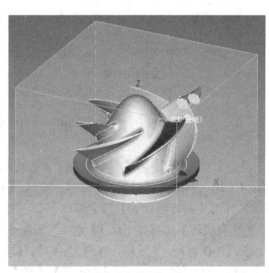

（a）【安全平面】对话框　　　　　　　　（b）建立的安全平面

图 3-18　建立叶轮零件的安全平面

四、编辑测量元素

微课

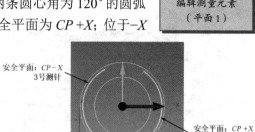

编辑测量元素
（平面1）

（一）平面1的测量策略和评定设置

平面1的测量策略为平面上的环形路径，由两条圆心角为120°的圆弧构成，位于+X轴一侧的圆弧用5号测针测量，安全平面为CP +X；位于−X轴一侧的圆弧用3号测针测量，安全平面为CP −X，如图3-19所示。具体步骤如下。

（1）双击【元素】选项卡中的【平面1】选项，弹出【元素】对话框，如图3-20（a）所示。单击【元素】对话框中的【策略】按钮，弹出【策略】对话框，单击【平面上的环形路径】图标，创建一个圆路径，如图3-20（b）所示。

图3-19 平面1的测量策略

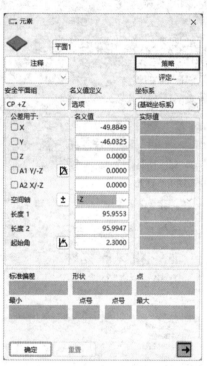

（a）【元素】对话框　　　　　　　　　　　（b）【策略】对话框

图3-20 平面1的测量策略设置

（2）双击图3-20（b）所示的【策略】对话框列表中的【圆路径】选项，弹出【圆路径】对话框，速度设为15mm/s，点数设为500，测针为5号测针（A0B-90），起始角为30°，角度范围为120°，圆路径直径为90mm，如图3-21所示，单击【确定】按钮。

（3）双击图3-20（b）所示的【策略】对话框列表中的【安全设置】选项，弹出【安全设置】对话框，将安全平面组设为CP +X，如图3-22所示。

（4）选中图3-20（b）所示的【策略】对话框列表中的【安全设置】选项和【圆路径】选项，单击鼠标右键，在弹出的快捷菜单中选择【复制】选项，再次单击鼠标右键，选择【粘贴】选项，如图 3-23 所示。双击打开第二个安全设置，将安全平面组改为 *CP－X*，单击【确定】按钮。然后双击打开第二个圆路径，将测针改为 3 号测针（A0B90），将起始角改为 210°，其余参数保持不变，单击【确定】按钮。然后单击【策略】对话框中的【确定】按钮，弹出图 3-24 所示的提示框，单击【否】按钮。

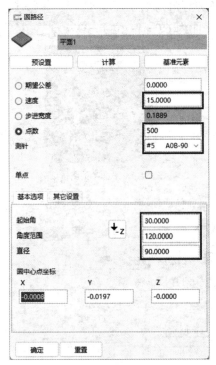

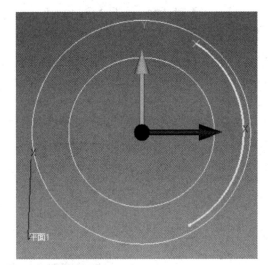

图 3-21　平面 1 的圆路径扫描策略设置

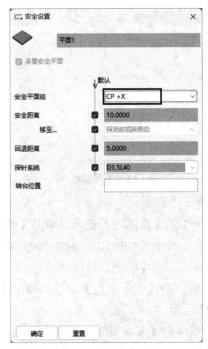

图 3-22　设置安全平面

图 3-23　复制安全设置和圆路径

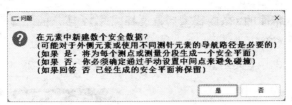

图 3-24　提示框

（5）单击【元素】对话框中的【评定】按钮，弹出【评定】对话框，评定方法为默认的最小二乘法，勾选【滤波】和【粗差清除】选项，单击【确定】按钮。

（二）圆 1 的测量策略和评定设置

圆 1 的测量策略为圆路径，由两条圆心角为 120° 的圆弧构成，位于 +X 轴一侧的圆弧用 5 号测针测量，安全平面为 $CP +X$；位于 −X 轴一侧的圆弧用 3 号测针测量，安全平面为 $CP -X$，如图 3-25、图 3-26 所示。

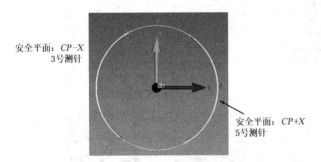

图 3-25　圆 1 的测量策略设置（1）

图 3-26　圆 1 的测量策略设置（2）

（三）创建 3d 曲线

单击 CALYPSO 软件下方的【显示 CAD 模型】【显示带边框的 CAD 元素】【显示带面的 CAD 模型】3 个按钮，可以看到叶片正面的一条曲线，如图 3-27 所示。下面用这条曲线来创建 3d 曲线，基本流程如图 3-28 所示。

（1）创建一条 3d 曲线。选择【CAD】→【创建元素】选项，弹出【创建元素】对话框，【元素】选择【3d 曲线】选项，【生成路径】选择【自由曲线(n)】选项，数

量设为 500，取消显示带面的 CAD 模型后，选择图 3-27 所示的曲线，单击【创建】按钮，
然后单击【创建元素】按钮，如图 3-29（a）所示，此时【元素】选项卡中出现【3d 曲线 1】，
如图 3-29（b）所示，单击【关闭】按钮，创建的 3d 曲线如图 3-29（c）所示。

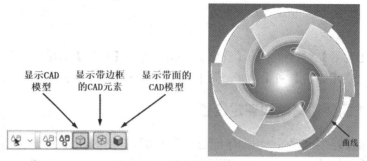

图 3-27　叶片正面的一条曲线

图 3-28　创建 3d 曲线的基本流程

（a）【创建元素】对话框

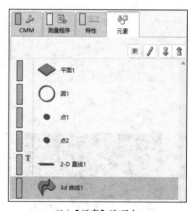

（b）【元素】选项卡

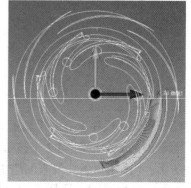

（c）创建的 3d 曲线

图 3-29　创建 3d 曲线

（2）策略设置。双击【元素】选项卡中的【3d 曲线1】，弹出【元素】对话框，如图 3-30 所示。单击【策略】按钮，在弹出的【策略】对话框中双击【分段】选项，如图 3-31 所示。弹出【分段】对话框，如图 3-32 所示，将速度设为 15mm/s，点数设为 1500，探针设为 1 号（A0B0），单击【确定】按钮，然后单击【策略】对话框中的【确定】按钮。

（3）评定设置。单击图 3-30 所示【元素】对话框的【评定】按钮，弹出【评定】对话框，如图 3-33 所示，勾选【坐标系】选项，单击其右侧的设置参数图标，弹出【最佳拟合】对话框。由于 3d 曲线 1 用于评价没有基准的线轮廓度，因此勾选【沿 X】【沿 Y】【沿 Z】【绕 X 轴】【绕 Y 轴】【绕 Z 轴】，如图 3-34 所示，单击【确定】按钮。在【评定】对话框中勾选【滤波】和【粗差清除】选项。勾选【名义法线方向】选项，单击其右侧的设置参数图标，弹出【不能计算选择的点】对话框，同时选中 1～10 号点和 491～500 号点，即这些测量点不用于评价线轮廓度，如图 3-35 所示，单击【确定】按钮，然后在【评定】对话框中单击【确定】按钮。

图 3-30 【元素】对话框

图 3-31 【策略】对话框

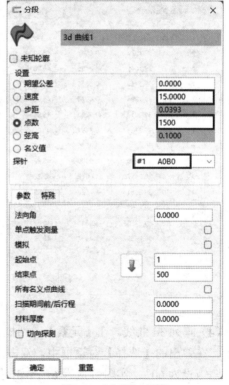

图 3-32 【分段】对话框

图 3-33 【评定】对话框

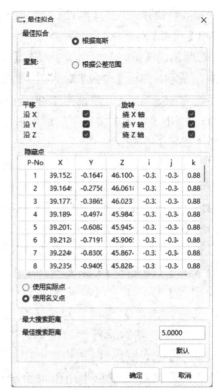

图 3-34 【最佳拟合】对话框

图 3-35 【不能计算选择的点】对话框

（4）阵列 3d 曲线。在【元素】对话框中，选择【名义数据】为【阵列】选项，如图 3-36 所示，在弹出的【选择】对话框中，双击【回转阵列】选项。在弹出的【回转阵列】对话框中，角矩设为 60°，实际数量为 6，单击【确定】按钮，如图 3-37 所示，可以看到每个叶片的正面都出现了一条 3d 曲线，单击【元素】对话框中的【确定】按钮。

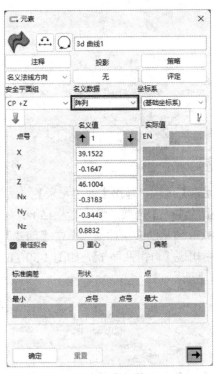

（a）选择【阵列】

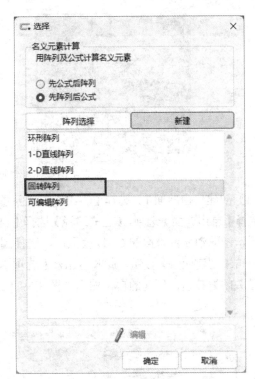

（b）双击【回转阵列】

图 3-36 选择回转阵列

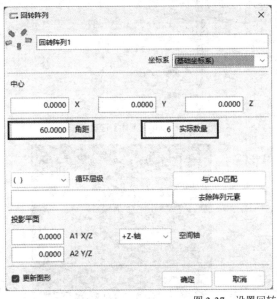

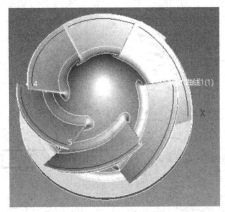

图 3-37 设置回转阵列参数

（四）创建自由曲面

单击 CALYPSO 软件下方的【显示 CAD 模型】【显示带边框的 CAD 元素】【显示带面的 CAD 模型】3 个按钮，可以看到叶片背面的 3 条曲线，如图 3-38 所示。下面用这 3 条曲线来创建自由曲面。

微课

编辑测量元素
（自由曲面）

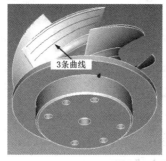

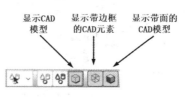

图 3-38　叶片背面的 3 条曲线

（1）创建自由曲面 1。选择【CAD】→【创建元素】选项，弹出【创建元素】对话框，【元素】选择【自由曲面】选项，【生成路径】选择【自由曲线(n)】选项，数量设为 1500，如图 3-39（a）所示，取消显示带面的 CAD 模型后，选择图 3-38 所示的 3 条曲线，单击【创建】按钮，然后单击【创建元素】按钮，此时【元素】选项卡中出现【自由曲面 1】，如图 3-39（b）所示，单击【关闭】按钮，创建的自由曲面如图 3-39（c）所示。

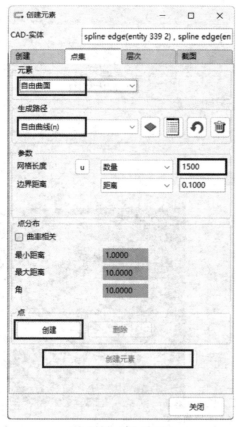

（a）【创建元素】对话框

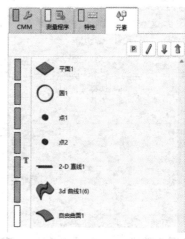

（b）【元素】选项卡

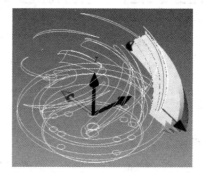

（c）创建的自由曲面

图 3-39　创建自由曲面 1

（2）策略设置。双击【元素】选项卡中的【自由曲面 1】，弹出【元素】对话框，如图 3-40 所示。单击【策略】按钮，在弹出的【策略】对话框中双击【点集】选项，如图 3-41 所示。弹出【点集】对话框，如图 3-42 所示，将速度设为 15mm/s，测针设为 5 号（A0B-90），单击【确定】按钮。在【策略】对话框中双击【安全设置】选项，在弹出的【安全设置】对话框中，将【安全平面组】

设为 *CP +X*，如图 3-43 所示，单击【确定】按钮，然后单击【策略】对话框中的【确定】按钮。

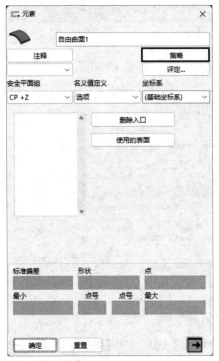

图 3-40　【元素】对话框

图 3-41　【策略】对话框

图 3-42　【点集】对话框

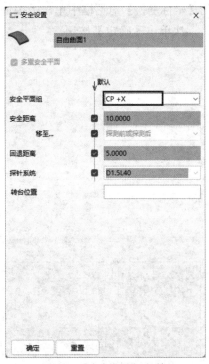

图 3-43　【安全设置】对话框

（3）评定设置。单击【元素】对话框中的【评定】按钮，在弹出的【评定】对话框中，勾选【粗差清除】选项，单击【确定】按钮，如图 3-44 所示，然后单击【元素】对话框中的【确定】按钮。

图 3-44 【评定】对话框

（4）创建坐标系。选择【资源】→【其他】→【坐标系】选项，在【特性】选项卡出现【坐标系 1】选项，双击【坐标系 1】选项，打开【坐标系】对话框，单击【坐标变换】按钮，在弹出的【坐标变换】对话框中单击【按角度旋转】按钮，设置基于+Z 轴旋转 60°，如图 3-45 所示，逐次单击【确定】按钮。

（a）【特性】选项卡中的【坐标系 1】

（b）【坐标系】对话框

图 3-45　创建坐标系

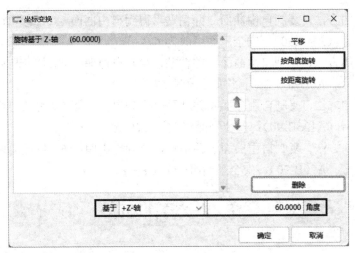

（c）坐标系设置

图 3-45 创建坐标系（续）

（5）创建自由曲面 2。复制【元素】选项卡中的自由曲面 1 并粘贴，得到自由曲面 2。双击【自由曲面 2】对话框，打开【元素】，勾选【保持输入值】选项，然后选择【坐标系 1】选项，单击【确定】按钮，如图 3-46 所示，将自由曲面 2 关联到坐标系 1，此时自由曲面 2 相对自由曲面 1 绕 Z 轴旋转了 60°。再次双击【自由曲面 2】选项，在【元素】对话框中取消勾选【保持输入值】选项，然后选择【基础坐标系】选项，单击【确定】按钮，如图 3-47 所示，将自由曲面 2 关联到基础坐标系。修改自由曲面 2 的策略，将探针修改为 6 号（A-45B-90），安全平面组设为 CP +X，其余参数保持不变。

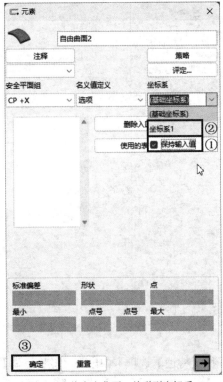

图 3-46 将自由曲面 2 关联到坐标系 1

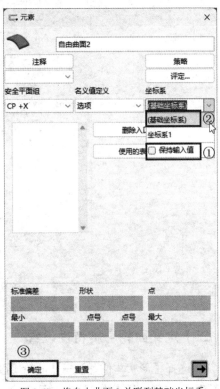

图 3-47 将自由曲面 2 关联到基础坐标系

（6）用同样的方法，复制自由曲面 2 并粘贴，得到自由曲面 3。修改自由曲面 3 的策略，将探针修改为 4 号（A90B90），安全平面组改为 $CP+Y$。

（7）用同样的方法，复制自由曲面 3 并粘贴，得到自由曲面 4。修改自由曲面 4 的策略，将探针修改为 3 号（A0B90），安全平面组改为 $CP-X$。

（8）用同样的方法，复制自由曲面 4 并粘贴，得到自由曲面 5。修改自由曲面 5 的策略，将探针修改为 7 号（A135B-90），安全平面组改为 $CP-X$。

（9）用同样的方法，复制自由曲面 5 并粘贴，得到自由曲面 6。修改自由曲面 6 的策略，将探针修改为 2 号（A90B-90），安全平面组改为 $CP-Y$。

五、定义特性设置

（一）定义线轮廓度特性设置

选择【形状与位置】→【线轮廓度】选项，在【特性】选项卡中出现【线形轮廓度 1】选项，双击【线形轮廓度 1】，打开【线形轮廓度】对话框，更改名称为线形轮廓度 0.05，公差设为 0.05，【元素】选择【3d 曲线 1(*)】，【参考基准】选择【无基准参考系】选项，如图 3-48 所示，单击【确定】按钮。

微课

定义特性设置

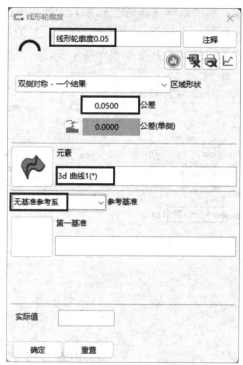

图 3-48　定义线轮廓度特性

（二）定义面轮廓度特性设置

（1）选择【形状与位置】→【面轮廓度】选项，在【特性】选项卡中出现【轮廓度 1】，双击【轮廓度 1】，打开【轮廓度】对话框，更改名称为【轮廓度 0.1】，公差设为【0.1】，【元素】

选择【自由曲面1】,【参考基准】选择【无基准参考系】,如图 3-49 所示,单击【确定】按钮。

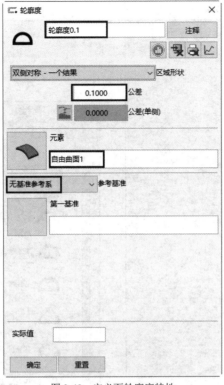

图 3-49 定义面轮廓度特性

(2) 在【特性】选项卡中选中【轮廓度 0.1】选项,然后单击【传输格式】图标,如图 3-50 (a) 所示,弹出【特性分配到元素】对话框,如图 3-50 (b) 所示。在【元素】选项卡中同时选中【自由曲面2】【自由曲面3】【自由曲面4】【自由曲面5】【自由曲面6】,如图 3-51 (a) 所示,单击【特性分配到元素】对话框中的【确定】按钮,此时【特性】选项卡中出现了这些轮廓度的特性,如图 3-51 (b) 所示。

(a) 单击【传输格式】

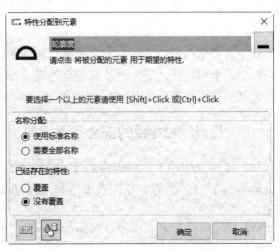

(b)【特性分配到元素】对话框

图 3-50 传输格式

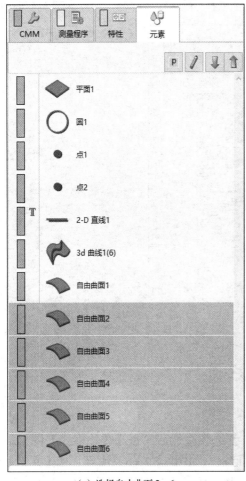

（a）选择自由曲面 2~6

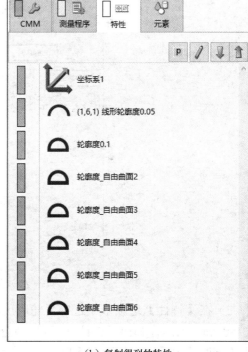

（b）复制得到的特性

图 3-51　设置面轮廓度特性

六、检查安全五项

安全五项是指安全平面、安全距离、回退距离、探针系统、测针。在编辑完元素和特性之后，需要对安全五项进行检查和修改，确保无误后，才能运行测量程序。

（一）检查叶轮零件的安全平面

单击【测量程序】选项卡中的【程序元素编辑】选项，如图 3-52（a）所示，在【程序元素编辑】对话框的下拉列表中选择【移动】→【安全平面组】选项，如图 3-52（b）所示。

对叶轮零件的安全平面组进行检查和修改，叶轮零件的安全平面组设置如图 3-53 所示。

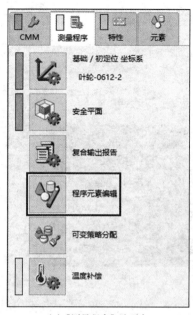

（a）【测量程序】选项卡

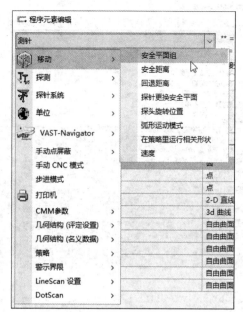

（b）选择【安全平面组】

图 3-52 程序元素编辑

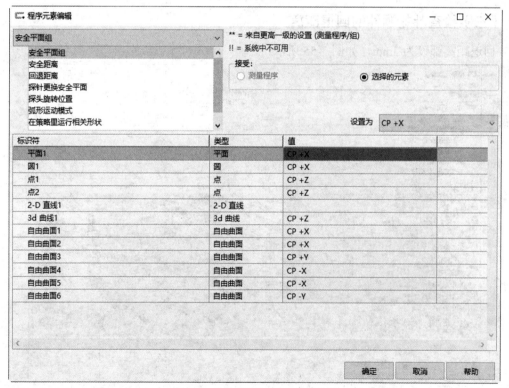

图 3-53 叶轮零件的安全平面组设置

（二）检查叶轮零件的安全距离

安全距离都设为 0，如图 3-54 所示。

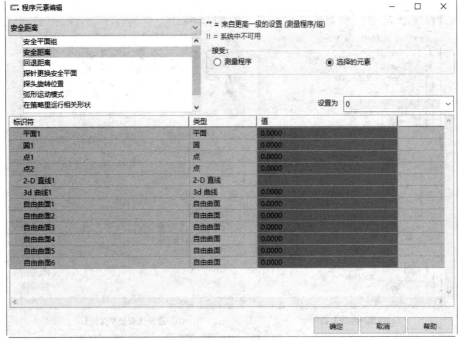

图 3-54　安全距离设置

（三）检查叶轮零件的回退距离

回退距离都设为 3mm，如图 3-55 所示。

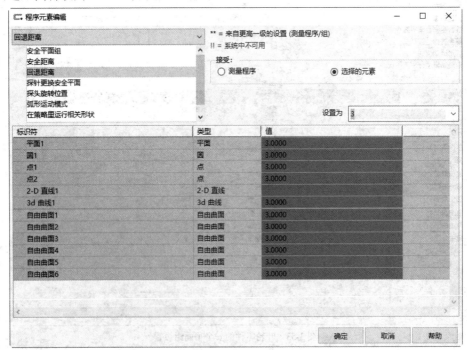

图 3-55　回退距离设置

（四）检查叶轮零件的探针系统

在【程序元素编辑】对话框的下拉列表中选择【探针系统】→【探针系统】选项，检查探针系统设置是否正确，如图 3-56 所示。

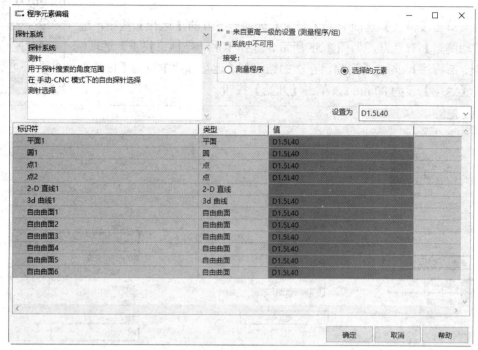

图 3-56　探针系统设置

（五）检查叶轮零件的测针

叶轮零件的测针设置如图 3-57 所示。

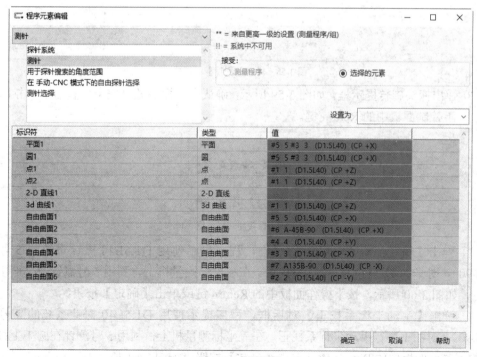

图 3-57　测针设置

七、运行测量程序

（1）单击【特性】选项卡或【元素】选项卡下方的【运行】按钮，进入【启动测量】对话框，如图 3-58 所示。选择【手动坐标系找正】选项，选中【全部特性】，勾选【清除已存在的结果】，【运行顺序】设为【按元素列表】，【速度】设为 80mm/s，单击【开始】按钮。

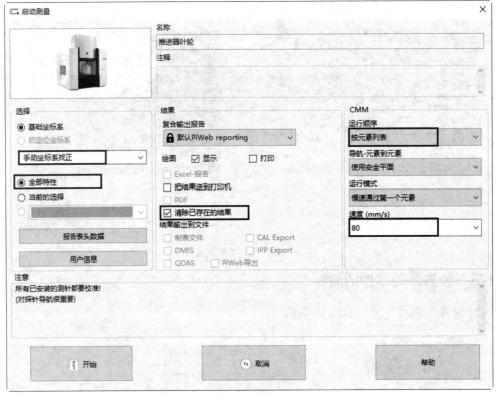

图 3-58　【启动测量】对话框

（2）弹出探头旋转提示框，如图 3-59 所示，确认当前探头处于安全位置后，单击【确定】按钮或按下控制面板中的 Return 键。

图 3-59　探头旋转提示框（1）

（3）弹出【手动坐标系找正】对话框，程序提示使用 D1.5L40 探针系统的 5 号测针（A0B-90），对平面 1 进行手动坐标系找正。在三坐标测量机上，利用 5 号测针在平面 1 上打 3 个点，如图 3-60 所示，按下操作面板中的 Return 键或单击【确定】按钮。

（4）弹出【手动坐标系找正】对话框，程序提示使用 D1.5L40 探针系统的 5 号测针（A0B-90），对圆 1 进行手动坐标系找正。在三坐标测量机上，利用 5 号测针在圆 1 上打 3 个点，按下操作面板中的 Return 键或单击【确定】按钮，如图 3-61 所示。

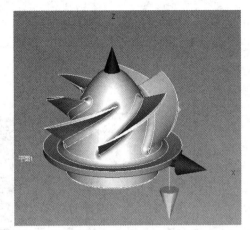

图 3-60　运行坐标系元素：平面 1

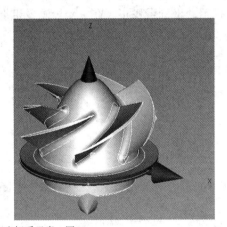

图 3-61　运行坐标系元素：圆 1

（5）弹出探头旋转提示框，如图 3-62 所示，确认当前探头处于安全位置后，按下操作面板中的 Return 键或单击【确定】按钮。

图 3-62　探头旋转提示框（2）

（6）弹出【手动坐标系找正】对话框，程序提示使用 D1.5L40 探针系统的 1 号测针（A0B0），对点 1 进行手动坐标系找正。在三坐标测量机上，利用 1 号测针在叶片 1 的边缘左侧打一个点，如图 3-63 所示。

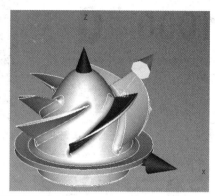

图 3-63　运行坐标系元素：点 1

（7）弹出【手动坐标系找正】对话框，程序提示使用 D1.5L40 探针系统的 1 号测针（A0B0），对点 2 进行手动坐标系找正。在三坐标测量机上，利用 1 号测针在叶片 1 的边缘右侧打一个点，如图 3-64 所示。

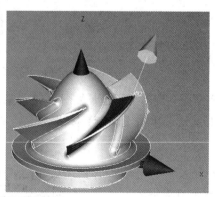

图 3-64　运行坐标系元素：点 2

（8）提示"测量程序将以 CNC 模式继续，请将探针移到安全位置！"，如图 3-65 所示，将探针移到安全位置后，单击【确定】按钮。三坐标测量机开始自动运行程序，程序运行结束后，弹出图 3-66 所示的测量报告。

图 3-65 提示以 CNC 模式运行

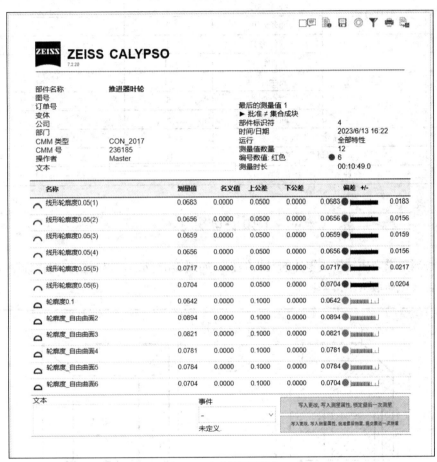

图 3-66 生成的测量报告

【项目评价】

叶轮零件三坐标测量评分参照表 3-3。

表 3-3 叶轮零件三坐标测量评分表

序号	项目	考核内容	配分	得分
1		基础坐标系建立	5	
2		安全平面设置	2	
3		零件装夹	3	
4	构造元素	2-D 直线	2	
5		3d 曲线	6	
6		自由曲面	6	

续表

序号	项目	考核内容	配分	得分
7	测量策略及评定设置	平面 1	5	
8		圆 1	5	
9		3d 曲线	5	
10		自由曲面	5	
11	特性设置	线轮廓度	2	
12		面轮廓度	2	
13	安全五项设置	探针系统	5	
14		测针	11	
15		安全平面	11	
16		安全距离	5	
17		回退距离	5	
18	程序运行设置		5	
19	三坐标测量操作规范		10	
合计			100	总得分	

【拓展训练】

根据检测要求完成转接头零件的脱机编程，如图 3-67 所示，提交脱机编程程序（电子版）和检测报告（纸质版）。

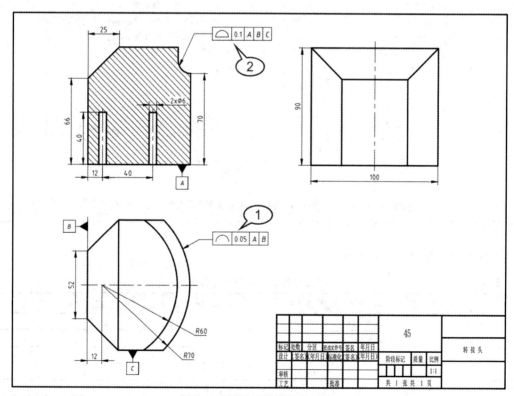

图 3-67　转接头零件检测项目编号

模块二

光学影像测量技术应用

本模块以 O-INSPECT 复合式影像测量仪测量垫片零件和 GOM ATOS Q 三维扫描仪测量注塑件为例，介绍光学影像测量技术及其应用，如图 1 所示。

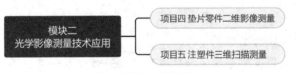

图 1　模块二主要内容

项目四
垫片零件二维影像测量

【教学导航】

知识目标

（1）能够阐述复合式影像测量仪的工作原理；

（2）能够阐述初定位坐标系的应用场景。

技能目标

（1）能够根据被测零件选用光学探头；

（2）能够正确设置光源参数；

（3）能够建立二维影像测量的基础坐标系；

（4）能够运用线扫描、圆扫描、自动扫描圆路径等方式创建直线、圆、圆弧等元素；

（5）能够采用阵列方式创建元素；

（6）能够运行测量程序完成二维影像测量。

素养目标

（1）具备严谨细致的工作态度；

（2）遵守复合式影像测量仪的操作规程，按时清洁并保养设备。

【知识储备】

一、光学影像仪的分类

影像测量仪是一种由高分辨率CCD（感光耦合组件，又称电荷耦合器件）彩色摄像机、连续变倍物镜、彩色显示器、视频十字线发生器、精密光栅尺、多功能数据处理器、测量软件与高精度工作台等精密机械结构组成的高精度、高效率光电测量仪器。影像测量仪以二维测量为主，也能进行三维测量。它被广泛应用在电子元件、精密模具、精密刀具、塑胶、照相机零件、汽车零件、PCB（印制电路板）加工等精密加工业，是机械、电子、仪表、轻工、塑胶等行业，院校、研究所和计量检定部门的计量室、实验室以及生产车间不可缺少的计量检测设备之一。

按操作方式分类，影像测量仪可分为手动影像测量仪、自动影像测量仪、全自动影像测量仪、一键式测量仪。相较于自动影像测量仪,手动影像测量仪比较便宜,但操作起来麻烦且耗时,不太适合大批量快速测量。全自动影像测量仪操作更简单、快捷,能够快速进行三维坐标扫描测量与SPC(统计过程控制)结果分类,满足现代制造业对尺寸检测更高速、更便捷、更精准的测量需求。

影像测量仪有不同的测量行程,常见的测量行程主要有 300mm×200mm×200mm、500mm×400mm×300mm、800mm×600mm×300mm 等,可满足不同行业工件的测量需求。

影像测量仪主要有悬臂式和龙门式两种结构,如图 4-1 所示。

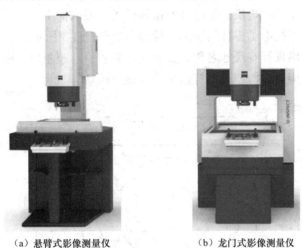

(a)悬臂式影像测量仪　　　　　　(b)龙门式影像测量仪

图 4-1　影像测量仪的结构分类

二、光学影像仪的工作原理

光学影像仪的工作原理如图 4-2 所示。被测工件(置于工作台上)由 LED 表面光或轮廓光(工作台内)照明后,经变倍镜头,CCD(外罩内)摄取影像,将捕捉到的图像通过数据线

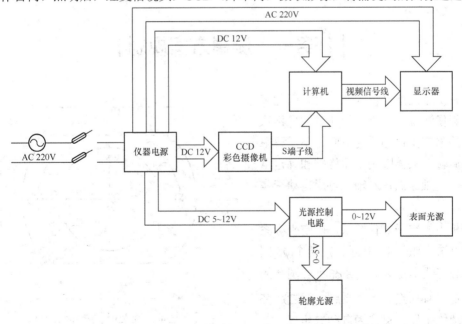

图 4-2　光学影像仪的工作原理

传输到计算机的数据采集卡中，通过专用测量软件对其进行瞄准测量，通过 Y 轴向（纵向运动）、X 轴向（横向运动）带动光栅尺在 X 轴、Y 轴方向上移动，由测量软件完成测量工作。

【检测项目描述】

现接到某机械加工厂的电机定子零件的检测任务，要求如下。

（1）完成图纸中电机电子零件的检测，检测项目如图 4-3 所示。

（2）测量报告输出项目有尺寸名称、实测值、公差值、超差值，格式为 PDF 文件。

（3）测量任务结束后，检测人员打印报告并签字确认。

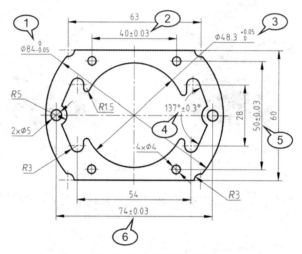

图 4-3　电机定子零件图纸

|任务一　测量方案规划|

电机定子的厚度仅为 0.5mm，因此采用二维影像测量。二维影像测量的坐标系建立方法与三坐标测量的不同，不需要限制空间旋转，只需限制平面旋转和确定 X 轴原点、Y 轴原点，Z 轴原点用自动聚焦点确定。

分析电机定子零件图纸，确定坐标系的建立方法。如图 4-4 所示，用两个 $\phi 5$ 圆孔的圆心连线确定 X 轴，用 $\phi 84_{-0.05}^{0}$ 圆孔的圆心确定 X 轴原点和 Y 轴原点。在左侧 $\phi 5$ 圆孔的边缘上取一点作为自动聚焦点。

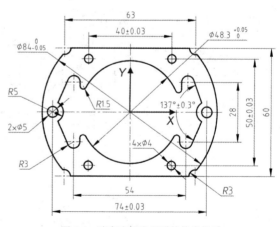

图 4-4　建立电机定子零件的坐标系

| 任务二　软硬件配置 |

一、复合式影像测量仪

根据电机定子的外形尺寸，选用型号为 O-INSPECT 322 的复合式影像测量仪，其中数字 322 表示 X 轴行程为 300mm，Y 轴行程为 200mm，Z 轴行程为 200mm。

二、光学探头设置

选择光学探头进行测量，具体步骤如下。

（1）在【CMM】选项卡中选择【探针系统】选项，弹出【探针校准】对话框。

（2）单击【手动更换探针】图标，选择【照相机】【Optic】【0.50x】选项，如图 4-5 所示，其中 0.50× 表示探头的倍率，单击【确定】按钮。选择光学探针后的【探针校准】对话框如图 4-6 所示，单击【确定】按钮。

微课

光学探头设置

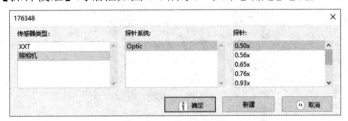

图 4-5　选择光学探针

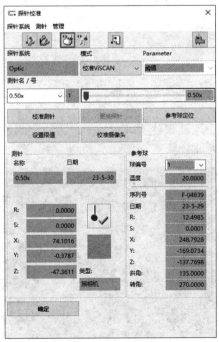

图 4-6　【探针校准】对话框

（3）单击 CALYPSO 软件下方的【照度设置】图标，如图 4-7 所示，弹出【发光二极管光源参数】对话框，将【背景光】亮度设为 25%，其他光源参数都设为 0，如图 4-8 所示。

图 4-7　单击【照度设置】

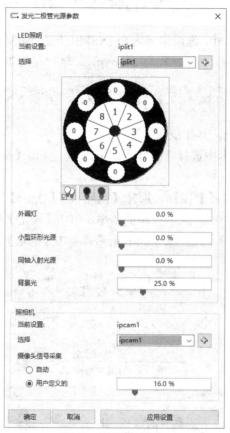

图 4-8　设置光源参数

三、零件装夹

将电机定子放在复合式影像测量仪的玻璃板上，为防止测量过程中零件发生偏移，在上面再放置一块玻璃板并粘贴胶带固定，如图 4-9 所示。

图 4-9　装夹电机定子零件

| 任务三　测量程序建立及运行 |

一、建立工件坐标系

由任务一可知，用两个 $\phi5$ 圆孔的圆心连线确定 X 轴，用 $\phi84^{0}_{-0.05}$ 圆孔的圆心确定 X 轴原点和 Y 轴原点，在左侧 $\phi5$ 圆孔的边缘上取一点作为自动聚焦点。因此，在建立坐标系之前，需要创建两个 $\phi5$ 圆孔对应的元素和 $\phi48.3^{+0.05}_{0}$ 圆孔对应的元素，以及自动聚焦点。具体步骤如下。

微课

建立工件坐标系

（一）新建测量程序

打开 CALYPSO 软件，单击【新建测量程序】选项。选择【文件】→【另存为】选项，在弹出的对话框中，选择需要保存的路径，输入文件名为【电机定子】，单击【保存】按钮。

（二）创建自动聚焦点

操作手柄调整视场，使软件窗口中能够清楚地看到被测零件。在 CAD 图标栏中单击【测量工具】图标，并从弹出的界面中选择【自动聚焦】选项，如图 4-10 所示，在左侧 $\phi5$ 圆孔的边缘上单击，如图 4-11 所示，在单击处出现一个矩形框，同时弹出【自动聚焦测量】对话框。

图 4-10　选择【自动聚焦】

单击【开始】按钮，系统开始自动对焦，对焦完成后单击【应用】按钮。弹出【元素】对话框，如图 4-12 所示，单击【确定】按钮。在【元素】选项卡中出现【点 1】，由于这个点是自动聚焦点，因此有 标志，如图 4-13 所示。

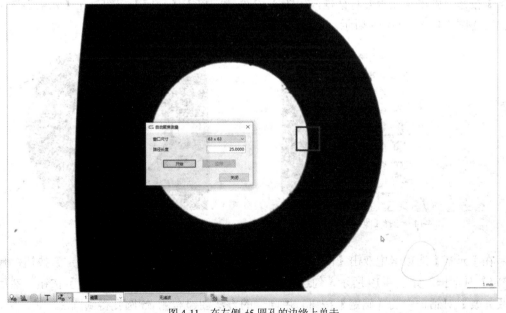

图 4-11　在左侧 $\phi5$ 圆孔的边缘上单击

图 4-12 【元素】对话框

图 4-13 创建得到的自动聚焦点

（三）创建两个 $\phi5$ 圆孔对应的元素

在 CAD 图标栏中单击【测量工具】图标，并从弹出的界面中选择【圆扫描】选项，如图 4-14 所示。在左侧 $\phi5$ 圆孔的边缘上依次单击选取 3 个点，然后在黑色区域单击，即图中所示点 4，如图 4-15 所示。弹出【创建几何元素】对话框，如图 4-16 所示，单击【创建几何元素】按钮。弹出【元素】对话框，如图 4-17 所示，单击【确定】按钮，在【元素】选项卡中出现【圆 1】，如图 4-18 所示。

图 4-14 选择【圆扫描】

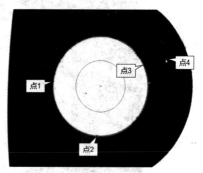

图 4-15 创建圆 1

在【元素】选项卡中双击【圆 1】，在弹出的【元素】对话框中单击【评定】按钮，弹出【评定】对话框，如图 4-19 所示，勾选【滤波】和【粗差清除】，单击【确定】按钮，然后单击【元素】对话框中的【确定】按钮。用同样的方法创建右侧 $\phi5$ 圆孔得到圆 2。

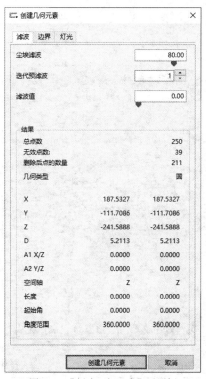

图 4-16　【创建几何元素】对话框

图 4-17　【元素】对话框创建圆 1

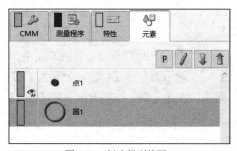

图 4-18　创建得到的圆 1

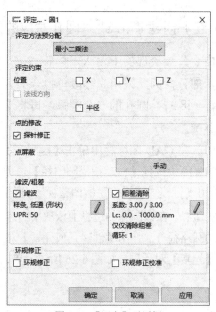

图 4-19　【评定】对话框

（四）创建两个 $\phi 5$ 圆孔的圆心连线

选择【元素】→【3D 直线】选项，弹出【元素】对话框，在【名义值定义】下拉列表中选择【调用】选项，如图 4-20 所示。弹出【调用】对话框，选择【圆 1】和【圆 2】选项，如图 4-21 所示，单击【确定】按钮，然后单击【元素】对话框中的【确定】按钮，创建得到一条 3D 直线，如图 4-22 所示。

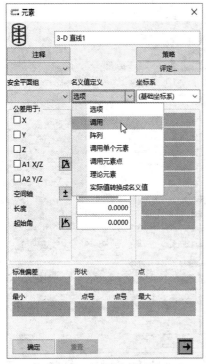

图 4-20 【元素】对话框

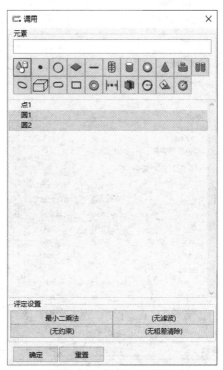

图 4-21 【调用】对话框

（五）创建 $\phi 48.3_{0}^{+0.05}$ 圆孔对应的元素

由于在一个视场中无法完整显示 $\phi 48.3_{0}^{+0.05}$ 圆孔，只能显示部分，因此采用先分段再拟合的方式，即先分区域扫描 $\phi 48.3_{0}^{+0.05}$ 圆孔的 6 个圆弧，再将这 6 个圆路径拟合成整圆。

（1）在 CAD 图标栏中单击【测量工具】图标，并从弹出的界面中选择【自动扫描圆路径】选项，如图 4-23 所示。采用飞行模式或操作手柄调整视场，直至出现 $\phi 48.3_{0}^{+0.05}$

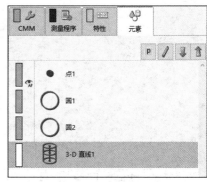

图 4-22 创建得到的 3D 直线

圆孔的边缘。在该圆孔的边缘上依次单击选取 3 个点，然后在黑色的区域单击，得到如图 4-24（a）所示的圆路径 1，弹出【创建几何元素】对话框，如图 4-25 所示，单击【创建几何元素】按钮，弹出【元素】对话框，如图 4-26 所示，单击【确定】按钮，在【元素】选项卡中出现【圆 3】。

图 4-23 选择【自动扫描圆路径】

（a）圆路径 1　　　　　　　（b）圆路径 2　　　　　　　（c）圆路径 3

（d）圆路径 4　　　　　　　（e）圆路径 5　　　　　　　（f）圆路径 6

图 4-24　$\phi 48.3_{0}^{+0.05}$ 圆孔的 6 个圆路径

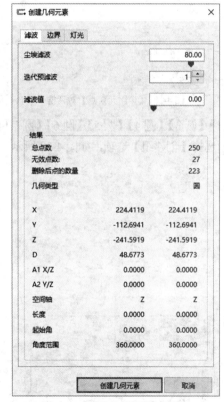

图 4-25　【创建几何元素】对话框

图 4-26　【元素】对话框创建圆 3

（2）在【元素】选项卡中双击【圆 3】，在弹出的【元素】对话框中单击【评定】按钮，在弹出的【评定】对话框中勾选【滤波】和【粗差清除】选项，单击【确定】按钮，然后单击【元素】对话框中的【确定】按钮。用同样的方法创建其余 5 个圆路径，如图 4-24（b）～图 4-24（f）所示，分别得到圆 4、圆 5、圆 6、圆 7 和圆 8。

（3）选择【元素】→【圆】选项，弹出的【元素】对话框，在该对话框中【名义值定义】

下拉列表中选择【调用元素点】选项，如图 4-27 所示。在【调用元素点】对话框中选择【圆 3】【圆 4】【圆 5】【圆 6】【圆 7】【圆 8】选项，如图 4-28 所示，单击【确定】按钮，然后单击【元素】对话框中的【确定】按钮。

图 4-27 【元素】对话框   图 4-28 【调用元素点】对话框

（4）为了使【元素】选项卡看起来简洁，同时选择【圆 3】【圆 4】【圆 5】【圆 6】【圆 7】【圆 8】【圆 9】选项，单击鼠标右键，在弹出的快捷菜单中选择【创建组】选项，如图 4-29 所示。

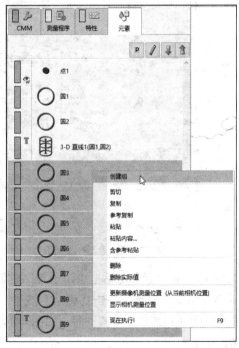

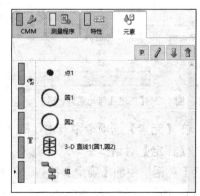

（a）选择【创建组】   （b）创建得到的组

图 4-29 创建组

（六）创建基础坐标系

单击【测量程序】选项卡中的【基础/初定位 坐标系 机器坐标系】选项，选择【建立新的基础坐标系】，方法为【标准方法】，单击【确定】按钮，弹出【基础坐标系】对话框，【平面旋转】选择【3-D 直线 1】选项，方向为+X 轴；【X-原点】选择【圆 9】选项，【Y-原点】选择【圆 9】选项，【Z-原点】需要选择自动聚焦点，所以选择【点 1】选项，单击【确定】按钮，如图 4-30 所示。

二、建立安全平面

用光学探头进行二维影像测量时，CCD 离工作台有安全距离，如果产品的高度不超过安全距离，探头和被测零件几乎不可能发生碰撞，可以不设置安全平面。但是不设置安全平面，CALYPSO 软件会弹出警告，所以建议设置安全平面。

微课

建立安全平面

单击【测量程序】选项卡中的【安全平面】选项后，弹出【安全平面】对话框。+X、+Y 和+Z 都设为 10，−X、−Y、−Z 都设为−10，如图 4-31 所示，单击【确定】按钮。

图 4-30　创建基础坐标系

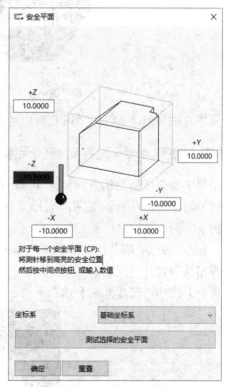

图 4-31　创建安全平面

三、创建测量元素

微课

创建测量元素

（一）创建 $\phi 84^{0}_{-0.05}$ 外圆对应的元素

由于在一个视场中无法完整显示 $\phi 84^{0}_{-0.05}$ 外圆，只能显示部分，因此采用先分段再拟合的方式，即先分区域扫描 $\phi 84^{0}_{-0.05}$ 外圆的 6 个圆弧，如图 4-32 所示，再将这 6 个圆弧拟合成整圆。

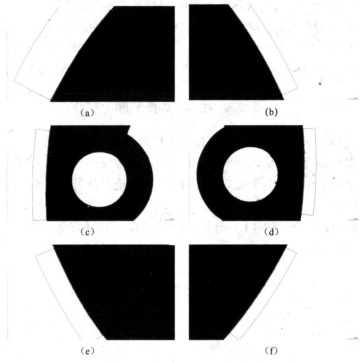

图 4-32　$\phi 84^{0}_{-0.05}$ 外圆的 6 个圆路径

操作方法与创建 $\phi 48.3^{+0.05}_{0}$ 圆孔对应的元素方法类似，具体步骤此处不再赘述。

（二）创建 4×ϕ4 圆孔对应的元素

采用 2-D 直线阵列的方式创建 4×ϕ4 圆孔对应的元素。

（1）创建左上方的 ϕ4 圆孔。采用飞行模式或操作手柄调整视场，直至出现图 4-3 所示左上方的 ϕ4 圆孔。在 CAD 图标栏中单击【测量工具】图标，并从弹出的界面中选择【圆扫描】选项，在左上方 ϕ4 圆孔的边缘上依次单击选取 3 个点，然后在黑色区域单击，如图 4-33 所示。弹出【创建几何元素】对话框，单击【创建几何元素】选项，弹出【元素】对话框，单击【确定】按钮，在【元素】选项卡中出现【圆 17】。

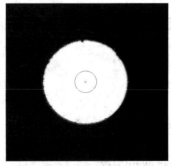

图 4-33　创建圆 17

（2）设置评定方式。在【元素】选项卡中双击【圆 17】选项，在弹出的【元素】对话框中单击【评定...】按钮，弹出【评定】对话框，勾选【滤波】和【粗差清除】选项，单击【确定】按钮。

（3）创建 2-D 直线阵列。在【元素】对话框中，在【名义值定义】下拉列表中选择【阵列】选项，如图 4-34 所示，在弹出的【选择】对话框中单击【新建】按钮，然后双击【2-D 直线阵列】选项，如图 4-35 所示。在弹出的【2-D 直线阵列】对话框中，【平移 1】指在 X 轴方向相邻两个 φ4 圆孔的圆心距离，设为 40，【实际数量 1】设为 2；【平移 2】指在 Y 轴方向相邻两个 φ4 圆孔的圆心距离，设为 –50，【实际数量 2】设为 2，如图 4-36 所示，单击【确定】按钮。阵列后得到 4 个 φ4 圆孔，如图 4-37 所示。

图 4-34　选择【阵列】

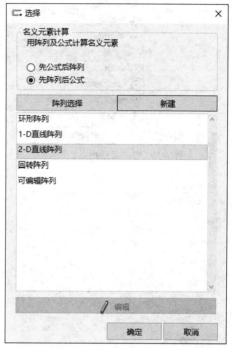

图 4-35　【选择】对话框

图 4-36　输入阵列参数

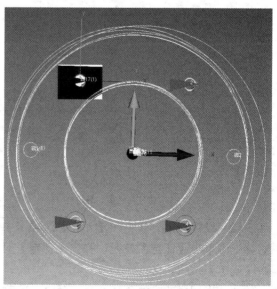

图 4-37　阵列后得到 4 个 φ4 圆孔

（三）创建 137° ±0.3° 角度对应的 2 个直线元素

（1）在 CAD 图标栏中单击【测量工具】图标，并从弹出的界面中选择【线扫描】选项，如图 4-38 所示。在直线边缘上依次单击选取 2 个点，然后在黑色区域单击，如图 4-39 所示。弹出【创建几何元素】对话框，单击【创建几何元素】按钮，如图 4-40 所示。弹出【元素】对话框，由于自动识别元素类型是圆，因此需要选择元素类型为【2-D 直线】，如图 4-41 所示，单击【确定】按钮，在【元素】选项卡中出现【2-D 直线 1】。

图 4-38　选择【线扫描】

图 4-39　创建直线 1

图 4-40　【创建几何元素】对话框

图 4-41　选择【2-D 直线】

（2）设置评定方式。在【元素】选项卡中双击【2-D 直线 1】选项，在弹出的【元素】对话框中单击【评定】按钮，弹出【评定】对话框，勾选【滤波】和【粗差清除】选项，单击【确定】按钮。

（3）用同样的方法创建 2-D 直线 2，最后的效果如图 4-42 所示。

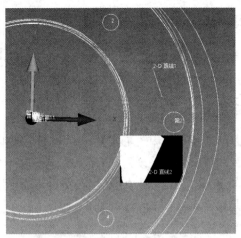

图 4-42 创建得到的 2-D 直线 1 和 2-D 直线 2

四、定义特性设置

（一）定义 1 号尺寸直径 $\phi84$ 的特性设置

1 号尺寸 $\phi84^{0}_{-0.05}$ 是圆 16 的直径。使用【尺寸】→【标准】→【直径】选项，名义值设为 84，上公差设为 0，下公差设为−0.05，元素选择【圆 16】选项，单击【确定】按钮，如图 4-43 所示。

（二）定义 2 号尺寸距离 40 的特性设置

2 号尺寸 40±0.03 是相邻两个 $\phi4$ 圆孔在 X 轴方向的圆心距离。使用【尺寸】→【距离】→【卡尺距离】选项，元素 1 选择【圆 17(1)】选项，元素 2 选择【圆 17(2)】选项，勾选【X】选项，名义值设为 40，上公差设为 0.03，下公差设为−0.03，单击【确定】按钮，如图 4-44 所示。

图 4-43 定义 1 号尺寸的特性设置

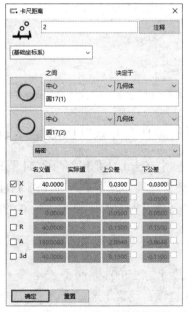

图 4-44 定义 2 号尺寸的特性设置

（三）定义 3 号尺寸直径 ϕ48.3 的特性设置

3 号尺寸 $\phi48.3_0^{+0.05}$ 是圆 9 的直径。使用【尺寸】→【标准】→【直径】选项，名义值设为 48.3，上公差设为 0.05，下公差设为 0，元素选择【圆 9】选项，如图 4-45 所示。

（四）定义 4 号尺寸角度 137° 的特性设置

4 号尺寸 137°±0.3° 是 2-D 直线 1 和 2-D 直线 2 的夹角。使用【尺寸】→【角度】→【元素夹角】选项，名义值设为 137，上公差设为 0.3，下公差设为-0.3，元素 1 选择【2-D 直线 1】选项，元素 2 选择【2-D 直线 2】选项，如图 4-46 所示。需要注意的是，元素夹角共有 4 种选择结果，这里选择的是第一种。

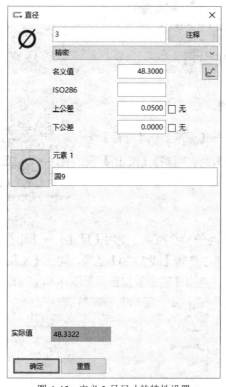

图 4-45　定义 3 号尺寸的特性设置

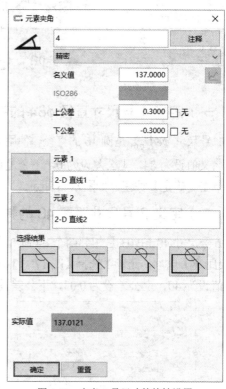

图 4-46　定义 4 号尺寸的特性设置

（五）定义 5 号尺寸圆心距离 50 的特性设置

5 号尺寸 50±0.03 是相邻两个 ϕ4 圆孔在 Y 轴方向的圆心距离。使用【尺寸】→【距离】→【卡尺距离】选项，元素 1 选择【圆 17(1)】选项，元素 2 选择【圆 17(3)】选项，勾选【Y】选项，名义值设为 50，上公差设为 0.03，下公差设为-0.03，如图 4-47 所示。

（六）定义 6 号尺寸圆心距离 74 的特性设置

6 号尺寸 74±0.03 是两个 ϕ5 圆孔在 X 轴方向的圆心距离。使用【尺寸】→【距离】→【卡尺距离】选项，元素 1 选择【圆 1】选项，元素 2 选择【圆 2】选项，勾选【X】选项，名义值设为 74，上公差设为 0.03，下公差设为-0.03，如图 4-48 所示。

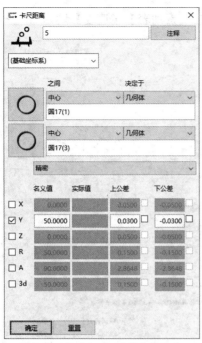
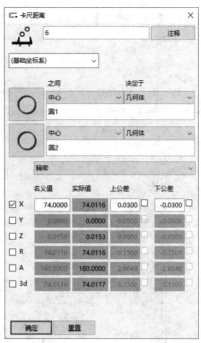

图 4-47　定义 5 号尺寸的特性设置　　　　图 4-48　定义 6 号尺寸的特性设置

五、运行测量程序

（一）建立初定位坐标系

通过手动坐标系找正的方式产生基础坐标系比较烦琐时，可以使用初定位坐标系。具体步骤如下。

（1）单击【测量程序】选项卡中的【基础/初定位坐标系 机器坐标系】选项，单击【初定位坐标系】选项卡，勾选【使用初定位坐标系】选项，选择【建立新的初定位坐标系】选项，如图 4-49 所示。

（2）弹出【初定位坐标系】对话框。【平面旋转】选择【圆 2】选项，方向为+X 轴；【X-原点】选择【圆1】选项，【Y-原点】选择【圆 1】选项，【Z-原点】选择【点 1】选项，如图 4-50（a）所示；单击【确定】按钮，弹出提示框，如图 4-50（b）所示，提示基础坐标系与初始坐标系之间的偏移值，单击【确定】按钮即可。

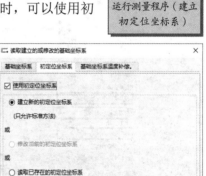

图 4-49　建立初定位坐标系

（二）启动测量并输出报告

（1）单击【特性】选项卡或【元素】选项卡下方的【运行】按钮，进入【启动测量】对话框，如图 4-51 所示。勾选【清除已存在的结果】选项，选择【初定位坐标系】选项，在其下的下拉列表中选择【手动坐标系找正】

微课

运行测量程序（建立初定位坐标系）

微课

运行测量程序（启动测量并输出报告）

选项，选择【全部特性】选项；【运行顺序】设为【按元素列表】，【速度】设为 40mm/s，单击【开始】按钮。

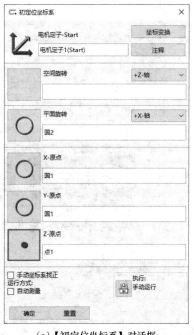

（a）【初定位坐标系】对话框　　　　　　　　　　（b）提示框

图 4-50　【初定位坐标系】对话框

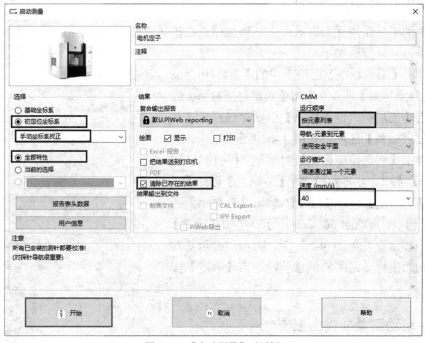

图 4-51　【启动测量】对话框

（2）弹出【手动坐标系找正】对话框，程序提示使用 Optic 探针系统的 1 号测针（0.50x）对点 1（自动聚焦点）进行手动坐标系找正。调整复合式影像测量仪的视场，直至视场中出现图 4-3 所示左侧的 $\phi 5$ 圆孔，在 $\phi 5$ 圆孔的边缘上单击，然后单击对话框中的【触发自动对焦】按钮，系统开始自动对焦，如图 4-52 所示。

图 4-52 运行坐标系元素：点 1

（3）弹出【手动坐标系找正】对话框，程序提示使用 Optic 探针系统的 1 号测针（0.50x）对圆 1 进行手动坐标系找正。在左侧 $\phi 5$ 圆孔的边缘上依次单击选取 3 个点，然后在黑色区域单击，如图 4-53 所示，单击【确定】按钮。

图 4-53 运行坐标系元素：圆 1

（4）弹出【手动坐标系找正】对话框，程序提示使用 Optic 探针系统的 1 号测针（0.50x）对圆 2 进行手动坐标系找正。在右侧 $\phi 5$ 圆孔的边缘上依次单击选取 3 个点，然后在黑色区域单击，如图 4-54 所示，单击【确定】按钮。

图 4-54　运行坐标系元素：圆 2

（5）提示"测量程序将以 CNC 模式继续，请将探针移到安全位置！"，如图 4-55 所示，将探针移到安全位置后，单击【确定】按钮。三坐标测量机开始自动运行程序，程序运行结束后弹出测量报告，如图 4-56 所示。

图 4-55　提示以 CNC 模式运行

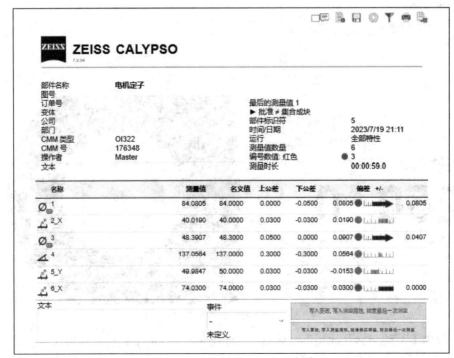

图 4-56　电机定子零件测量报告

【项目评价】

电机定子零件测量评分参照表 4-1。

表 4-1 电机定子零件测量评分表

序号	项目	考核内容	配分	得分
1	坐标系	基础坐标系建立	5	
2		初定位坐标系建立	5	
3		安全平面设置	3	
4		零件装夹	3	
5	构造元素	自动聚焦点	4	
6		两个 $\phi 5$ 圆孔对应的元素	8	
7		两个 $\phi 5$ 圆孔的圆心连线	4	
8		$\phi 48.3_{0}^{+0.05}$ 圆孔对应的元素	8	
9		$\phi 84_{-0.05}^{0}$ 外圆对应的元素	8	
10		$4 \times \phi 4$ 圆孔对应的元素	8	
11		$137° \pm 0.3°$ 角度对应的 2 个直线元素	4	
12	特性设置	1 号特性	4	
13		2 号特性	4	
14		3 号特性	4	
15		4 号特性	4	
16		5 号特性	4	
17		6 号特性	4	
18		程序运行设置	6	
19		复合式影像测量仪操作规范	10	
	合计		100	总得分

【拓展训练】

完成电机转子零件的复合影像测量，如图 4-57 所示，提交 CALYPSO 编程程序（电子版）和检测报告（纸质版）。

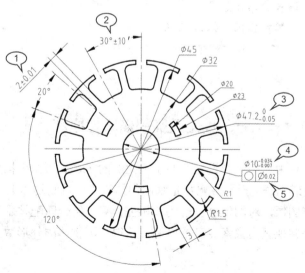

图 4-57　电机转子零件检测项目编号

项目五
注塑件三维扫描测量

【教学导航】

知识目标

（1）能够阐述蓝光三维扫描的基本原理；

（2）能够区分预对齐、局部最佳拟合对齐、由几何元素对齐和 RPS 对齐；

（3）能够区分不同几何元素的测量原理。

技能目标

（1）能够组装 GOM ATOS Q 三维扫描设备；

（2）能够标定 GOM ATOS Q 三维扫描设备；

（3）能够用 GOM ATOS Q 三维扫描设备扫描注塑件；

（4）能够完成彩图偏差比较、彩图偏差标注和截面偏差标注；

（5）能够检测直径、长度、中心距和平行度；

（6）能够生成三维检测报告。

素养目标

（1）具备严谨细致的工作态度；

（2）遵守蓝光三维扫描仪的操作规程。

【知识储备】

一、蓝光三维扫描成像原理

拍照式三维扫描仪由光栅投影设备及两个工业级的 CCD 摄像机构成。扫描成像原理是通过光栅投影装置（或光斑）投影数幅特定编码的结构光到待测物体上，利用工业级的 CCD 摄像机同步采得相应图像，对图像进行解码和相位计算，结合匹配技术、三角形原理，解算出 2 个或 3 个摄像公共视区内像素点三维坐标，获得待测物体的外形数据。

二、蓝光三维扫描的主要特点

三坐标测量虽然精度高，但是非常依赖环境，需要恒定的温度、湿度以及稳定的地基。而蓝光三维扫描仪可进行高效的全尺寸三维扫描，可满足复杂轮廓、自由曲面零部件检测的工业制造需求。相比三坐标，蓝光三维扫描的优势如下。

（1）非接触 360°扫描

单幅可获取数百万甚至上千万点的待测物体外形数据。扫描转台 360°旋转，无死角地获取全周真实三维数据。

（2）速度快，易操作

单幅扫描时间小于 1s，每秒即可获取数百万点，放置样品后，只需单击画面上的测量执行按钮，即可配合扫描转台进行自动扫描。

（3）直观地进行整体比较

通过直观的界面和比较差分值的整体形状颜色显示，可轻松地对试制时的设计数据，以及检测时出现的不良品进行比较。

【检测项目描述】

（1）使用 GOM ATOS Q 三维扫描设备，完成给定注塑件的三维数据采集，获取给定注塑件的三维扫描数据 STL 文件。

（2）使用 GOM 软件，完成给定注塑件的三维扫描数据 STL 文件和该产品 CAD 数模的比对。

| 任务一　三维扫描设备的操作 |

一、设备组装

GOM ATOS Q 三维扫描设备主要由控制柜、测量头、三脚支架、工作站计算机、校准支架、校准板、加密狗组成，如图 5-1 所示。设备组装步骤如下。

微课

设备组装

（1）打开控制柜，连接控制柜电源。

（2）将光纤线插入控制柜，然后连接数据传输线，并将安全绳挂到控制柜上，注意连接时不能挤压光纤线。

（3）打开三脚支架，将测量头固定到三脚支架上并锁紧。

（4）将控制柜的 Type-C 接口连接到工作站计算机上，连接计算机电源，开启计算机，开启控制柜电源。

图 5-1　GOM ATOS Q 三维扫描设备组成

二、设备标定

当测量环境变化时，需要对 GOM ATOS Q 三维扫描仪进行标定。在测量环境不变的情况下，一般一周标定一次。GOM ATOS Q 三维扫描仪的标定步骤如下。

（1）新建检测项目。双击计算机桌面上的 GOM 软件图标，如图 5-2 所示。在弹出的界面中单击 GOM Inspect 右侧的【开始】按钮，如图 5-3 所示。在弹出的界面中选择【新建项目】选项，如图 5-4 所示。

图 5-2　GOM 软件图标

图 5-3　GOM 软件登录界面

（2）首先单击软件界面左侧的扳手图标，然后单击软件界面上方的【标定测量头】图标，如图 5-5 所示。弹出【标定】对话框，【标定次序赋予】选择【支架】选项，如图 5-6 所示，单击【确认】按钮。

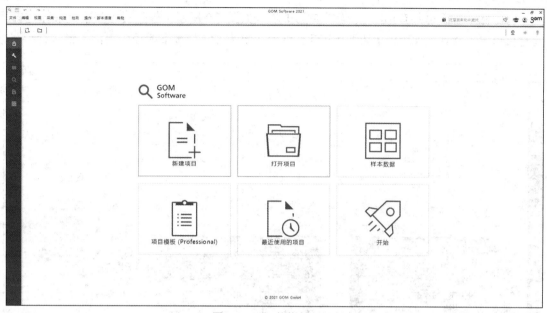

图 5-4　GOM 软件启动界面

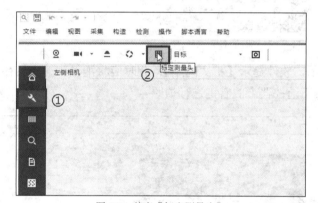

图 5-5　单击【标定测量头】

图 5-6　【标定】对话框

（3）将标定板安装到校准支架上，如图 5-7 所示，安装时注意不能触碰到标定板上的黑点，标定板上不能有任何划痕和污染。

（4）将标定板和测量头调整到相互垂直状态，并使测量头发出的 2 个激光点位于校准板中间 5 个黑点构成的三角形区域内，如图 5-8 所示。

图 5-7　将标定板安装到校准支架上

图 5-8　调整测量头和标定板的相对位置

（5）标定步骤总共有 18 步，当前是第 1 步。如图 5-9 所示，软件提示当前是最佳位置，此时可以单击软件界面上的【快照】按钮，更为方便的方法是按下遥控器上的右键进行拍照。

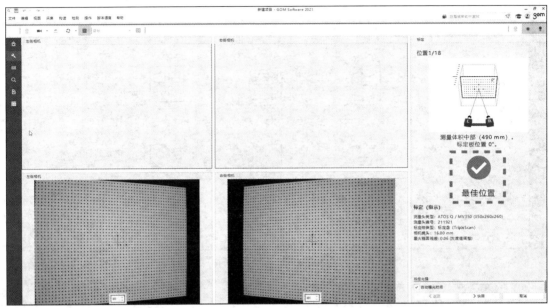

图 5-9　标定的第 1 步

（6）进入第 2 步，如图 5-10 所示，软件提示【扩大间距】，此时应将测量头的支架往后移，当软件提示【最佳距离】时，按下遥控器上的右键进行拍照。

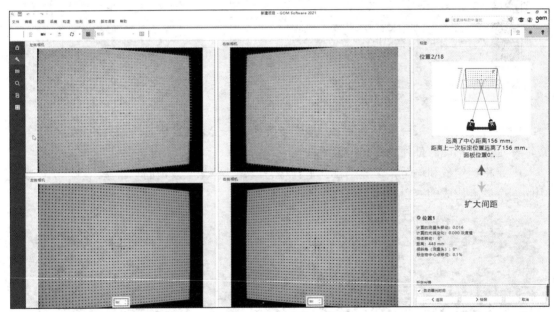

图 5-10　标定的第 2 步

（7）第 1 步~12 步主要是调整测量头和校准板之间的间距，按照软件提示完成第 3 步~12 步的标定，具体步骤此处不再赘述。

（8）进入第 13 步，如图 5-11 所示，软件提示【较大倾斜】，此时应将测量头向右倾斜，与标定板成 25°夹角，注意，要保证测量头发出的 2 个激光点在三角形区域内，如图 5-12 所示。当软件提示【最佳距离】时，按下遥控器上的右键进行拍照。第 14 步是将测量头向左倾斜，与标定板成 25°夹角。

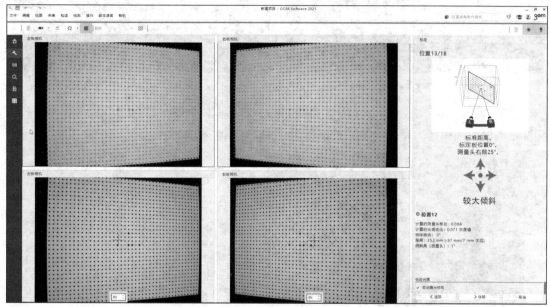

图 5-11　标定的第 13 步

（9）进入第 15 步，将标定板向上倾斜 25°，如图 5-13 所示。软件提示【最佳距离】时，按下遥控器上的右键进行拍照。

图 5-12　将测量头向右倾斜

图 5-13　标定板向上倾斜 25°

（10）进入第 16 步，将标定板向左旋转 90°，如图 5-14 所示。软件提示【最佳距离】时，按下遥控器上的右键进行拍照。

（11）进入第 17 步，将标定板继续向左旋转 90°，调整标定板向上倾斜角度为 45°，然后调整测量头的高度，保证测量头发出的 2 个激光点位于校准板中间 5 个黑点构成的三角形区域内，如图 5-15 所示。软件提示【最佳距离】时，按下遥控器上的右键进行拍照。

（12）进入第 18 步，将标定板继续向左旋转 90°，如图 5-16 所示。软件提示【最佳距离】时，按下遥控器上的右键进行拍照。

图 5-14　将标定板向左旋转 90°

图 5-15　将标定板向左旋转 90°并向上倾斜 45°

（13）第 18 步标定完成后，弹出【标定结果】对话框，如图 5-17 所示，标定偏差和投影头标定右侧的图标都为 ✅ 时，说明校准结果正确。

图 5-16　将标定板向左旋转 90°

图 5-17　标定结果

三、注塑件扫描

注塑件扫描主要有 4 个步骤，分别是扫描参数设置、注塑件正面扫描、注塑件反面扫描、正反面拼接并输出 STL，如图 5-18 所示。

图 5-18　注塑件扫描的主要步骤

在扫描前，需要在注塑件上粘贴参考点，注意，需要保证每幅照片参考点数量不少于 3 个。在没有转台的情况下，对塑件零件进行三维扫描操作的具体步骤如下。

（一）扫描参数设置

（1）单击软件界面左侧的扫描图标，如图 5-19 所示。调整测量头，使其与注塑件的夹角成 45°，如图 5-20 所示，并使十字标记位于被测注塑件的中心位置。

（2）选择【文件】→【新建项目】选项，如图 5-21 所示。单击软件界面上方的第一个图标，如图 5-22 所示。弹出【扫描模板和项目设置】对话框，单击【扫描模板】图标，如图 5-23 所示。在弹出的【选择扫描模板】对话框中选择【基本扫描】选项，如图 5-24 所示，单击【OK】按钮，然后单击【扫描模板和项目设置】对话框中的【确认】按钮。

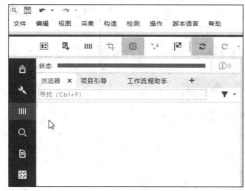

图 5-19 单击扫描图标

图 5-20 调整测量头与注塑件的夹角为 45°

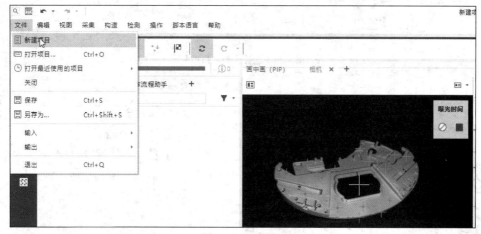

图 5-21 新建项目

图 5-22 单击【扫描模板】

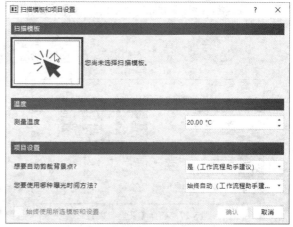

图 5-23 单击【扫描模板】图标

（3）单击软件界面上方的第二个图标【新建测量系列】，如图 5-25 所示。在弹出的【新建测量系列】对话框中选择【ATOS 测量系列】选项，如图 5-26 所示。

（4）选择【采集】→【采集参数】选项，如图 5-27 所示。单击【采集参数】对话框左侧的【参考点】选项，然后选择【测量，组件】下拉列表中的【获取多个点】选项，单击【确认】按钮，如图 5-28 所示。

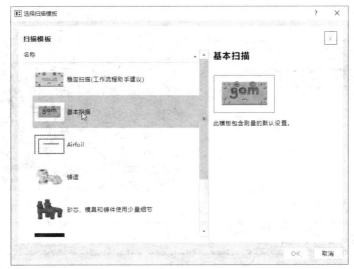

图 5-24　选择【基本扫描】

图 5-25　单击【新建测量系列】

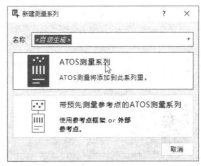

图 5-26　选择【ATOS 测量系列】

图 5-27　选择【采集参数】

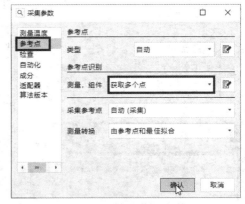

图 5-28　【采集参数】对话框

（5）在【相机】窗口中单击【曝光时间模式】，在弹出的列表中选择【交互式】选项，如图 5-29 所示；选择【点更多】选项，如图 5-30 所示；图 5-30 默认已选择【第一种曝光时间】选项，如图 5-31 所示。需要说明的是，第二种曝光时间是第一种曝光时间的 3 倍，第三种曝光时间是第二种曝光时间的 3 倍。调整工件曝光时间，如图 5-32 所示。当软件界面中工件出现红色区域时，说明这些部位过曝了，工件上不允许有红色区域。调整参考点曝光时间，如图 5-33 所示，当软件界面中所有参考点的颜色都不是红色时，说明参考点曝光时间合理。

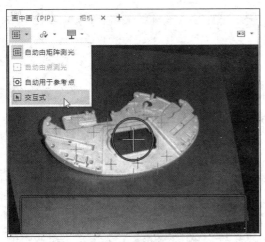

图 5-29　选择【交互式】

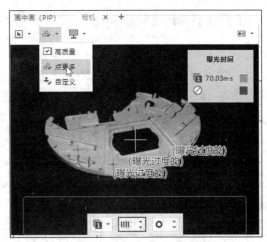

图 5-30　选择【点更多】

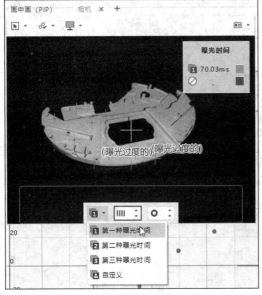

图 5-31　选择【第一种曝光时间】

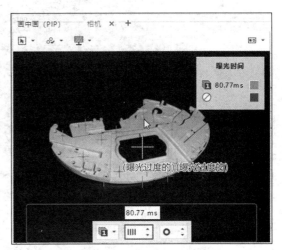

图 5-32　调整工件曝光时间

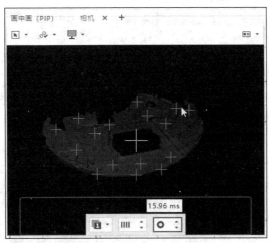

图 5-33　调整参考点曝光时间

（二）注塑件正面扫描

（1）参数设置完成后，按下键盘上的 Space 键，完成第一幅照片拍摄，如图 5-34 所示。可以看到，扫描到的工作平台显示为红色，并且工件的其中一部分也显示为红色，此时需要采用手动方式剪除。选择【剪除平面以下的点】→【手动】选项，按住 Ctrl 键并单击选择 3 个点，如图 5-35 所示，形成一个平面。如图 5-36 所示，【平面位置】设为 3mm，即从工作平台抬高 3mm 进行裁剪，单击【确认】按钮。

（2）第一幅照片拍摄完成后，旋转注塑件，从不同角度拍摄照片，根据工件的实际情况判断每次拍摄时工件需要旋转的角度。依次类推，直至注塑件正面全部扫描完成。

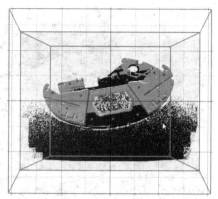

图 5-34　正面第一幅照片

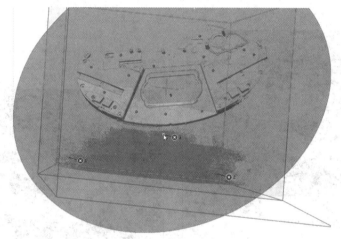

图 5-35　选择 3 个点

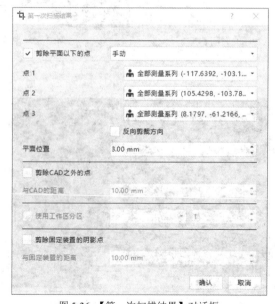

图 5-36　【第一次扫描结果】对话框

（三）注塑件反面扫描

（1）单击软件界面上方的第二个图标【新建测量系列】，如图 5-25 所示。在弹出的【新建测量系列】对话框中选择【ATOS 测量系列】选项，如图 5-37 所示，提示【用于测量背面】。

（2）将工作平台上的工件翻转，翻转后的第一幅照片也要保证十字标记位于被测注塑件的中心位置。按下键盘上的 Space 键，完成第一幅照片拍摄，结果如图 5-38 所示。可以看到，扫描到的工作平台显示为红色，并且工件显示不为红色，此时可以采用自动方式剪除，单击【确认】按钮，如图 5-39 所示。

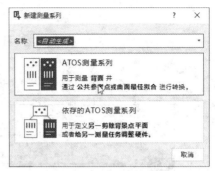

图 5-37　选择【ATOS 测量系列】

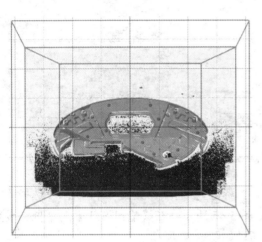

图 5-38　反面第一幅照片

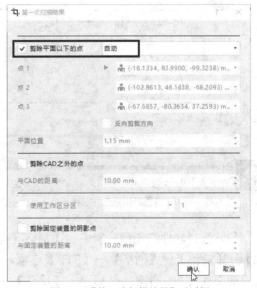

图 5-39　【第一次扫描结果】对话框

（3）反面第一幅照片拍摄完成后，旋转注塑件，从不同角度拍摄照片，根据工件的实际情况判断每次拍摄时工件需要旋转的角度。依次类推，直至注塑件反面全部扫描完成。

（四）正反面拼接并输出 STL

（1）单击【转换测量系列】图标，如图 5-40 所示。软件会自动识别注塑件正面和反面的公共参考点。如果自动识别的公共参考点不合适，也可以手动选择，手动选择时；需要按住 Ctrl 键并用鼠标选取公共参考点。当前软件自动识别的公共参考点比较合适，直接单击【转换测量系列】对话框中的【确认】按钮，如图 5-41 所示。

（2）单击【多边形化处理并重新计算项目（不含报告页）】图标，如图 5-42 所示，弹出【多边形化处理扫描数据】对话框，单击【确认】按钮，如图 5-43 所示。

图 5-40　单击【转换测量系列】

图 5-41　【转换测量系列】对话框

图 5-42　单击【多边形化处理并重新计算项目（不含报告页）】

图 5-43　【多边形化处理扫描数据】对话框

（3）选择软件左侧浏览器中的【网格（部件，标准）】选项，如图 5-44 所示。选择【文件】→【输出】→【网格】→【STL】选项，如图 5-45 所示。在【输出 STL】对话框中设置输出的文件夹和文件名，然后单击【确认】按钮，如图 5-46 所示。

图 5-44　选择【网格（部件，标准）】

图 5-45　选择输出为 STL

图 5-46 【输出 STL】对话框

|任务二 三维扫描软件的使用|

一、各种选择功能项的三维工具

微课

各种选择功能项的
三维工具

本任务主要介绍在曲面选择、穿过曲面选择、面片选择等各种选择功能项的三维工具。

（1）新建项目。打开 GOM 软件进入启动界面，选择【新建项目】选项，进入软件工作界面，如图 5-47 所示。

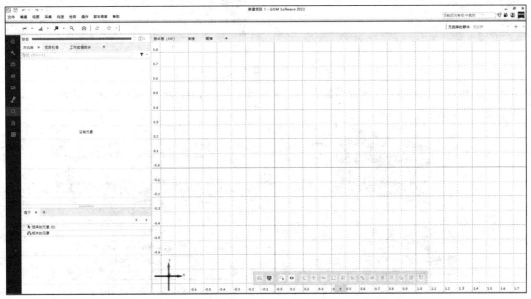

图 5-47 GOM 软件工作界面

（2）导入实际网格。在资源管理器中选中实际网格 gom_part_meas_1.g3d，如图 5-48 所示，然后将其拖动到 GOM 软件的工作界面主窗口中，此时弹出【输入文件】对话框，如图 5-49 所示，选择【新部件】选项。

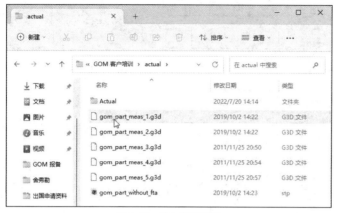

图 5-48　导入实际网格　　　　　　　　　　　　图 5-49　选择【新部件】

（3）导入理论网格。在资源管理器中选中理论网格（即 CAD 模型）gom_part_without_fta.stp，然后将其拖动到 GOM 软件的工作界面主窗口中，此时弹出【输入文件】对话框，如图 5-50 所示，选择【增加到部件】选项。此时，可以在软件左侧工具栏和 CAD 模型显示区域中看到已经导入的实际网格和理论 CAD 模型，分别如图 5-51、图 5-52 所示。

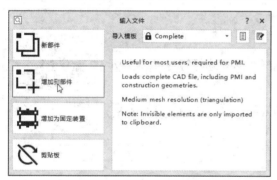

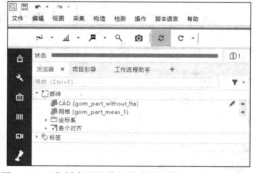

图 5-50　选择【增加到部件】　　　　图 5-51　工作栏中显示导入的实际网格和理论 CAD 模型

（4）预对齐。选择软件右上角下拉列表中的【预对齐】选项，如图 5-53 所示，弹出【预对齐】对话框，如图 5-54 所示，单击【确认】按钮，软件自动将实际网格和理论网格预对齐，效果如图 5-55 所示。

图 5-52　CAD 模型显示区域中显示导入的　　　　图 5-53　选择【预对齐】选项
实际网格模型和理论 CAD 模型

图 5-54　【预对齐】对话框

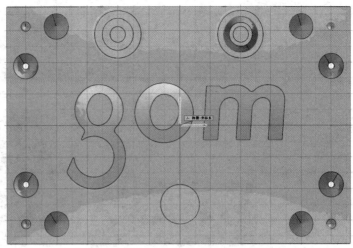

图 5-55　实际网格和理论网格预对齐的效果

（5）三维工具的调用。有两种调用方式：一种是在三维视图显示区域单击鼠标右键，在弹出的三维工具栏快捷菜单中选择相应命令，如图 5-56 所示；另一种是通过三维视图显示区域下方的三维工具栏进行调用，如图 5-57 所示。

图 5-56　三维工具栏快捷菜单

图 5-57　三维视图显示区域下方的三维工具栏

（6）在曲面选择。按住鼠标左键并拖动，在曲面上选择一个区域，如图 5-58（a）所示，单击鼠标右键，出现 3 个图标，如图 5-58（b）所示，其中【+】表示选择，【−】表示取消选择，【×】表示撤销。这里单击【+】图标，得到图 5-58（c）所示的曲面上选择的区域。旋转视图可以看到，只在该曲面上的区域被选中了，其他区域没有被选中，如图 5-58（d）所示。

（7）穿过曲面选择。操作方法与在曲面选择的相同，不同之处在于，穿过曲面选择会穿过当前选择的区域，背面也会被选中，如图 5-59 所示。

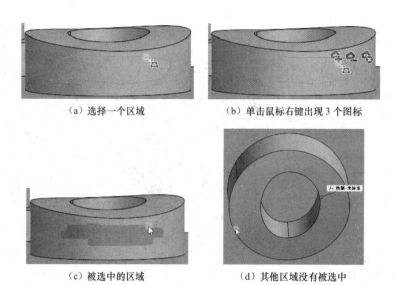

（a）选择一个区域　　　　　　　　（b）单击鼠标右键出现 3 个图标

（c）被选中的区域　　　　　　　（d）其他区域没有被选中

图 5-58　在曲面选择

（8）面片选择。该功能只能在 CAD 模型上使用，在面片上单击，则与该面片相关联的圆柱被选中，如图 5-60 所示。

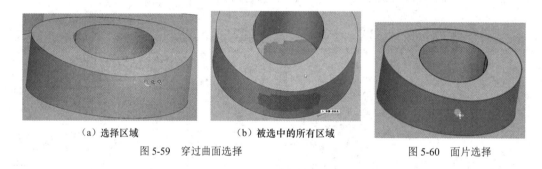

（a）选择区域　　　　　　　（b）被选中的所有区域

图 5-59　穿过曲面选择　　　　　　　　　　　　　图 5-60　面片选择

二、简单检测工作流程

（一）导入模型并预对齐

微课

简单检测工作流程

新建检测项目，导入实际网格和理论网格，用预对齐的方式将实际网格和理论网格对齐，详细步骤见前文，此处不再赘述。

（二）彩图偏差比较

（1）单击软件左上方工具栏中的第一个图标，在弹出的下拉列表中选择【实际网格上的曲面比较】选项，如图 5-61（a）所示。弹出【在实际网格上创建曲面比较】对话框，如图 5-61（b）所示，对话框中的【最大距离】参数根据产品的实际情况来确定。如果产品变形量比较大，最大距离设置得大一些；如果产品变形量比较小，最大距离设置得小一些，这里设为 3mm，单击【确认】按钮。

（a）选择【实际网格上的曲面比较】选项　　　（b）【在实际网格上创建曲面比较】对话框

图 5-61　在实际网格上创建曲面比较

（2）在 CAD 模型显示区域的右侧图例上，设置彩色偏差的公差，这里设为 0.2mm，并单击文本框右侧的关联符号，使上公差与下公差大小相同。

（3）将软件左侧浏览器中的【实际网格上的曲面比较】拖动到右侧的实际网格模型上，彩图偏差比较完成，如图 5-62 所示。

（a）拖动【实际网格上的曲面比较】

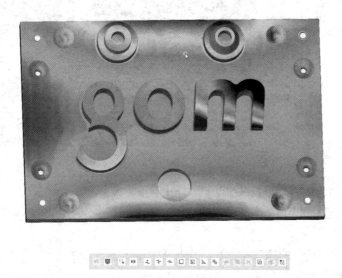

（b）彩图偏差比较的效果

图 5-62　彩图偏差比较

（三）彩图偏差标注

（1）单击软件左上方工具栏的第三个图标，选择【偏差标注】选项，如图 5-63 所示。

（2）按住 Ctrl 键，在模型上需要标注的地方单击，标注好之后，在空白区域单击鼠标右键，彩图偏差标注的效果如图 5-64 所示。

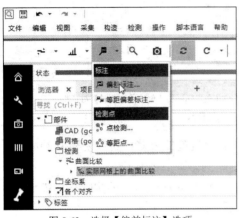

图 5-63　选择【偏差标注】选项

图 5-64　彩图偏差标注的效果

（四）截面偏差标注

（1）单击软件左上方工具栏的第二个图标，选择【在实际网格上的检测截面】选项，如图 5-65 所示。

（2）将软件左侧浏览器中的【网格（gom_part_meas_1）】拖动到右侧模型显示区，并将实际网格模型全部选中，如图 5-66 所示。

图 5-65　选择【在实际网格上的检测截面】选项

图 5-66　选中实际网格模型

（3）【在实际网格上创建检测截面】对话框中选择【参考平面】为【平面 X】，位置为 5mm，如图 5-67 所示，单击【创建并关闭】按钮。此时可以看到实际网格上生成了一个截面，如图 5-68 所示。

（4）单击软件左上方工具栏的第三个图标，选择【等距偏差标注】选项，如图 5-69 所示。在弹出的【创建等距偏差标注】对话框中点距设为 10mm，如图 5-70 所示，单击【创建】按钮后，再单击【关闭】按钮。

图 5-67　【在实际网格上创建检测截面】对话框

图 5-68　生成的截面

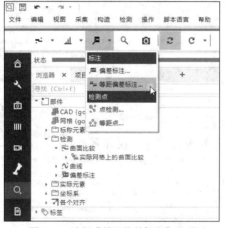

图 5-69　选择【等距偏差标注】选项

图 5-70　输入点距

（5）生成的等距偏差标注如图 5-71 所示。可以看到最右侧有个数据是用"???"表示的，表示此处没有实际网格，需要将其删除。

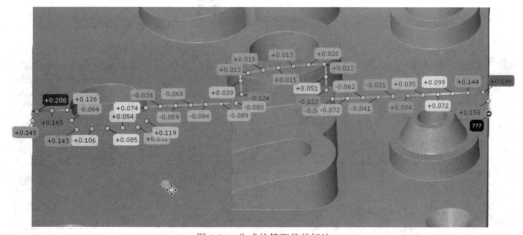

图 5-71　生成的等距偏差标注

（6）在左侧的【项目引导】中选中有问题的数据，如图 5-72 所示，按 Delete 键将其删除。

图 5-72　删除有问题的数据

三、局部最佳拟合对齐

微课

局部最佳拟合对齐

（1）新建检测项目，导入实际网格和理论网格，用预对齐的方式将实际网格和理论网格对齐，详细步骤见前文，此处不再赘述。仅显示实际网格模型，如图 5-73 所示。

（2）单击软件下方工具栏中的【穿过曲面选择】图标，按住鼠标左键并拖动，选择字母 m 所在的区域，如图 5-74 所示，单击鼠标右键，出现 3 个图标，单击【+】图标，表示选择这个区域，结果如图 5-75 所示。

图 5-73　仅显示实际网格模型

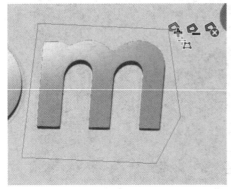

图 5-74　选择字母 m 所在的区域

图 5-75　被选中的区域

（3）切换视角，单击软件下方工具栏中的【穿过曲面选择】图标，按住鼠标左键并拖动，选择字母 m 下方的区域，如图 5-76 所示，单击鼠标右键，出现 3 个图标，单击【－】图标，表示取消选择这个区域。最终结果如图 5-77 所示。

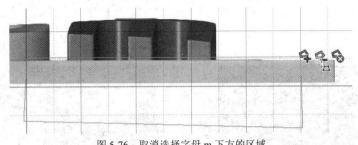

图 5-76　取消选择字母 m 下方的区域

图 5-77　被选中的区域

（4）选择软件右上角下拉列表中的【局部最佳拟合】选项，如图 5-78 所示，弹出【局部最佳拟合】对话框，单击【确认】按钮，如图 5-79 所示。

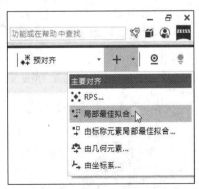

图 5-78　选择【局部最佳拟合】选项

图 5-79　【局部最佳拟合】对话框

（5）单击软件左上方工具栏的第一个图标，选择【实际网格上的曲面比较】选项，如图 5-61（a）所示。弹出【在实际网格上创建曲面比较】对话框，单击【确认】按钮。

（6）单击软件左上方工具栏的第五个图标【创建报告页】选项，选择报告模板为 3D+3D。如图 5-80 所示，左侧为局部最佳拟合对齐方式下的彩图偏差比较，右侧为预对齐方式下的彩图偏差比较。需要注意的是，局部最佳拟合只能应用在实际网格模型中。

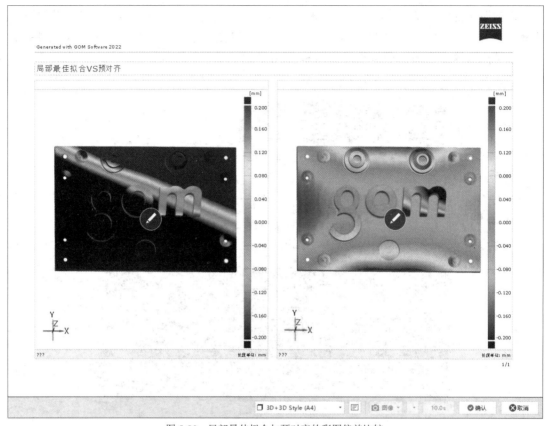

图 5-80　局部最佳拟合与预对齐的彩图偏差比较

四、构造元素和测量原理

微课
构造元素和测量原理

要构造几何形状，才能进行检测。具体工作流程：首先只显示 CAD
模型，其次构造元素，最后通过测量原理获取标称元素。测量原理用于创
建标称元素的实际对应部分，即把实际元素与标称元素相关联。常用的测
量原理有 3 类：①对于点，测量原理通常选择与网格的交点；②对于大多数标准几何形状，
测量原理选择拟合元素；③对于通过特定连续步骤推导出的元素，测量原理选择参考的构件。

（一）点的测量原理

点的测量原理主要有两种，第一种是与网格的
交点，第二种是投射点到实际网格。图 5-81 所示是
点的两种测量原理的示意图，其中蓝色表示 CAD
模型，绿色表示实际网格。

（1）与网格的交点。其原理是沿标称点的法向
搜索，在标称点的法向与网格相交的地方创建相应
的实际点，标称点与实际点之间的距离不一定是最
短距离。

（2）投射点到实际网格。其原理是创建一个其法向与标称点相交的实际点，标称点与实

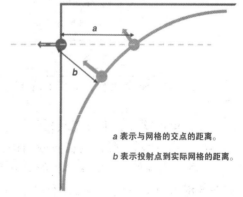

a 表示与网格的交点的距离。

b 表示投射点到实际网格的距离。

图 5-81　点的两种测量原理示意图

际点之间的距离是最短距离。

（二）标准几何形状的测量原理

大多数标准几何形状的测量原理选择拟合元素，即在不完美的网格上创建一个近乎完美的几何元素。需要选择采用哪种方法创建拟合元素。以圆柱为例，常用的方法主要有高斯最佳拟合、切比雪夫最佳拟合、最大内切元素和最小外接元素，如图 5-82 所示。

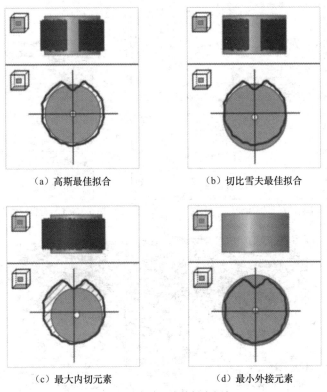

（a）高斯最佳拟合　　　　　　　　（b）切比雪夫最佳拟合

（c）最大内切元素　　　　　　　　（d）最小外接元素

图 5-82　拟合元素的创建方法

构造元素和测量原理的具体操作步骤如下。

（1）新建检测项目，导入实际网格和理论网格，用预对齐的方式将实际网格和理论网格对齐，详细步骤见前文，此处不再赘述。仅显示 CAD 网格模型，如图 5-83 所示。

图 5-83　CAD 网格模型

（2）选择【构造】→【圆柱】→【自动成形圆柱（标称）】选项，如图 5-84 所示，弹出【构造自动成形圆柱（标称）】对话框，如图 5-85 所示。按住 Ctrl 键，单击鼠标左键选择两个圆柱，如图 5-86 所示，单击【创建】按钮。

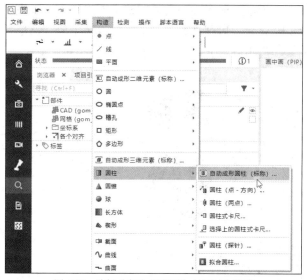

图 5-84　选择【自动成形圆柱（标称）】选项　　　　图 5-85　【构造自动成形圆柱（标称）】对话框

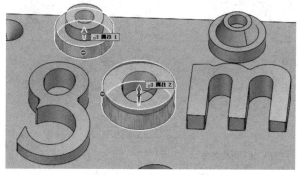

图 5-86　构造圆柱 1 和圆柱 2

（3）选择【构造】→【平面】→【自动成形平面（标称）】选项，按住 Ctrl 键，单击选择字母 m 上的 3 个平面，单击【创建】按钮，构造得到平面 A1，如图 5-87 所示。

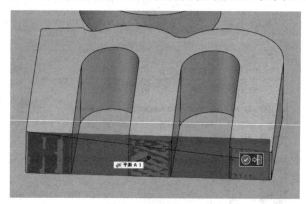

图 5-87　构造平面 A1

（4）选择【构造】→【点】→【曲面点】选项，按住 Ctrl 键，单击选择字母 m 上的一个点，单击【创建】按钮，构造得到点 1，如图 5-88 所示。

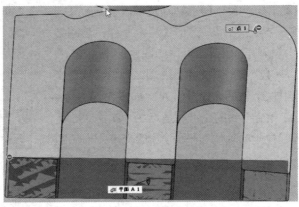

图 5-88　构造点 1

（5）用上述方法继续构造，得到圆柱 1、圆柱 2、圆柱 3、圆柱 4、平面 A2、平面 A3，如图 5-89 所示。可以看到，每个元素都有一个符号 ⊖，表示构造的元素还没有与实际网格相关联，接下来需要给这些构造元素设置测量原理。

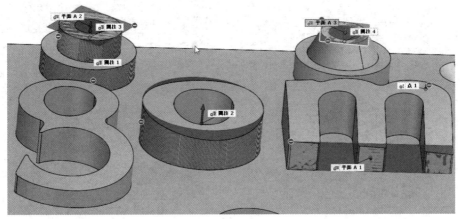

图 5-89　构造得到的圆柱、平面和点

（6）同时选中平面 A1、平面 A2 和平面 A3，按住 Ctrl 键，在空白处单击鼠标右键，弹出智能检测工具，单击【测量原理】图标，选择【拟合元素】选项，如图 5-90 所示。在弹出的对话框中，【方法】选择【高斯最佳拟合】，单击【确认】按钮，如图 5-91 所示。用同样的方法给圆柱 1、圆柱 2、圆柱 3 和圆柱 4 设置测量原理。

图 5-90　选择【拟合元素】

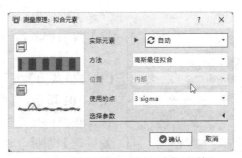

图 5-91　【测量原理：拟合元素】对话框

（7）在模型显示区域选择点 1，按住 Ctrl 键，在空白处单击鼠标右键，弹出智能检测工具，单击【测量原理】图标，选择【与网格的交点】选项，如图 5-92 所示；弹出【测量原理：与网格的交点】对话框，单击【确认】按钮即可，如图 5-93 所示。

（8）选择【构造】→【点】→【交点】选项，弹出【构造交点】对话框，首先选择圆柱 3，然后选择平面 A2，如图 5-94 所示。圆柱 3 的轴线与平面 A2 相交得到的交点就是点 2，如图 5-95 所示。用同样的方法构造圆柱 4 的轴线与平面 A3 的交点，即点 3，如图 5-96 所示。

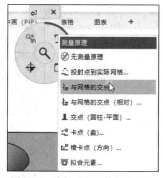

图 5-92　选择【与网格的交点】

图 5-93　【测量原理：与网格的交点】对话框

图 5-94　【构造交点】对话框

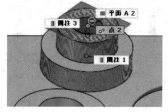

图 5-95　构造得到点 2

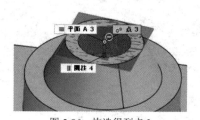

图 5-96　构造得到点 3

（9）在模型显示区域选择点 2 和点 3，按住 Ctrl 键，在空白处单击鼠标右键，弹出智能检测工具，单击【测量原理】图标，选择【参考的构件】选项，如图 5-97 所示，点 2 和点 3 的测量原理设置完成。

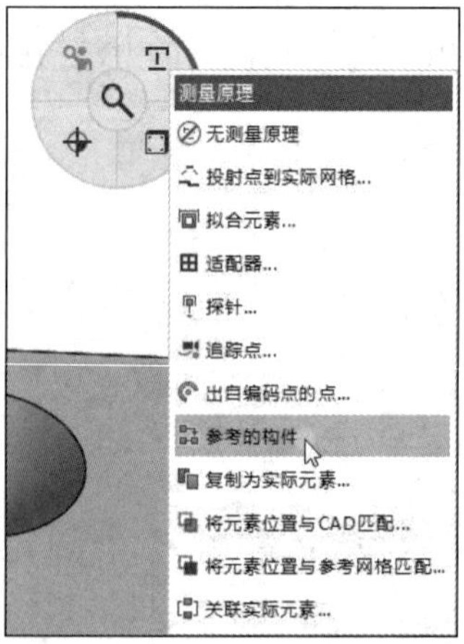

（10）构造平面 A4，并设置测量原理为【拟合元素】，如图 5-98 所示。选择【构造】→【截面】→【单截面】选项，弹出【构造单截面】对话框，【参考平面】设为平面 A4，【位置】设为-5mm，如图 5-99 所示。使用【穿过曲面选择】功能，选择圆柱所在的区域，如图 5-100 所示。此时可以单击【构造单截面】对话框中的【创建】按钮，创建得到的截面如图 5-101 所示。在模型显示区域选择刚创建的截面，按住 Ctrl 键，在空白处单击鼠标右键，弹出智能检测工具，单击【测量原理】图标，选择【参考的构件】选项，截面的测量原理设置完成。

图 5-97　选择【参考的构件】

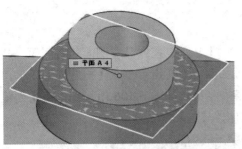

图 5-98　构造平面 A4 并设置测量原理

图 5-99　【构造单截面】对话框

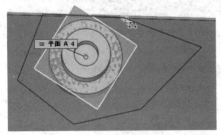

图 5-100　选择圆柱所在的区域

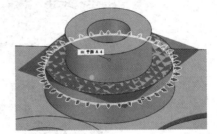

图 5-101　创建得到的截面

五、检测计划流程

微课

检测计划流程

（一）导入模型并预对齐

新建检测项目，导入实际网格和理论网格，用预对齐的方式将实际网格和理论网格对齐，详细步骤见前文，此处不再赘述。

（二）检测圆柱直径

（1）构造圆柱 1 和圆柱 2，如图 5-102 所示，并设置其测量原理为【拟合元素】（详细步骤见前文，此处不再赘述）。

（2）选中圆柱 1 和圆柱 2，按住 Ctrl 键，在空白处单击鼠标右键，弹出智能检测工具，单击【检验】图标，选择【直径】选项，如图 5-103 所示。在弹出的

图 5-102　构造圆柱 1 和圆柱 2

【检验 直径】对话框中，根据图纸要求输入公差，单击【确认】按钮，检测结果如图 5-104 所示。

（a）选择【直径】

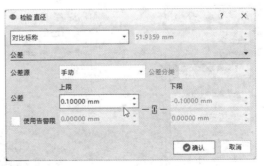

（b）【检验 直径】对话框

图 5-103　检测圆柱直径

（三）检测长度

（1）选择【构造】→【距离】→【盘卡尺（外部）】选项，在产品左侧面和右侧面上各选取一个点，使用【穿过曲面选择】功能，选择区域如图 5-105 所示。在【构造外部盘卡尺】对话框中，根据实际产品的区域设置盘卡尺的余隙和半径，如图 5-106 所示，单击【创建】按钮，得到距离 1，并将其测量原理设为【参考的构件】。

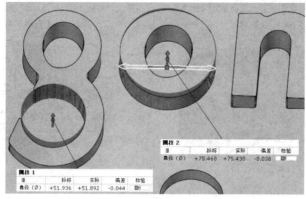

图 5-104　圆柱 1 和圆柱 2 的检测结果

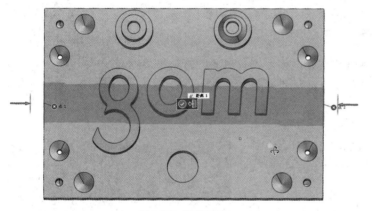

图 5-105　选取区域

图 5-106　【构造外部盘卡尺】对话框

（2）选择距离 1，按住 Ctrl 键，在空白处单击鼠标右键，弹出智能检测工具，单击【检验】图标，选择【距离（X）】选项，如图 5-107 所示。在弹出的【检验 距离（X）】对话框中，根据图纸要求输入公差，如图 5-108 所示，单击【确认】按钮，检测结果如图 5-109 所示。

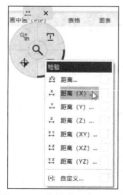

图 5-107　选择【距离（X）】

图 5-108　【检验 距离（X）】对话框

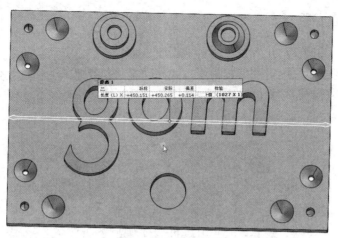

图 5-109　长度检测结果

（四）检测圆柱之间的距离

（1）构造圆柱 3 和圆柱 4，并设置其测量原理为【拟合元素】；构造平面 A1 和平面 A2，并设置其测量原理为【拟合元素】。构造圆柱 3 与平面 A1 的交点得到点 1，构造圆柱 4 与平面 A2 的交点得到点 2，并将两个交点的测量原理设为【参考的构件】，如图 5-110 所示。

图 5-110　构造圆柱和平面

（2）选择【构造】→【距离】→【距离（两点）】选项，弹出【构造距离（两点）】对话框，依次选择点 1 和点 2，如图 5-111 所示，单击【创建并关闭】按钮。然后将其测量原理设为【参考的构件】。

（3）选择步骤（2）创建的两点之间的距离，按住 Ctrl 键，在空白处单击鼠标右键，弹出智能检测工具，单击【检验】图标，选择【距离（X）】选项。在弹出的【检验 距离（X）】对话框中，根据图纸要求输入公差，单击【确认】按钮，检测结果如图 5-112 所示。

图 5-111　【构造距离（两点）】对话框

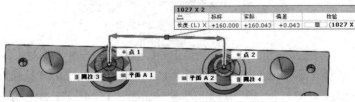

图 5-112　中心距检测结果

（五）检测圆心距

（1）构造圆 1 和圆 2，并为其设置测量原理，如图 5-113 所示。其中圆 1 通过创建截面的方式来创建，圆 2 通过投射的偏置截面方式来创建。一般情况下通过创建截面的方式创建圆。通过投射的偏置截面方式创建圆，一般用于薄壁件或钣金件。

图 5-113　构造圆 1 和圆 2

（2）选择【构造】→【距离】→【距离（两点）】选项，弹出【构造距离（两点）】对话框，依次选择圆 1 和圆 2，单击【创建并关闭】按钮，然后将其测量原理设为【参考的构件】。

（3）选择步骤（2）创建的两点之间的距离，按住 Ctrl 键，在空白处单击鼠标右键，弹出智能检测工具，单击【检验】图标，选择【距离（X）】选项。在弹出的【检验 距离（X）】对话框中，根据图纸要求输入公差，单击【确认】按钮，检测结果如图 5-114 所示。

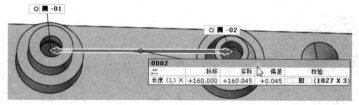

图 5-114　两圆之间的距离检测结果

（六）检测平行度

（1）构造基准平面 C 和平面 1，并设置测量原理为【拟合元素】，如图 5-115 所示。

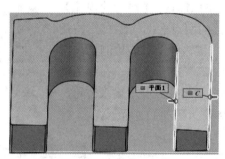

图 5-115　构造基准平面 C 和平面 1

（2）选中平面 1，按住 Ctrl 键，在空白处单击鼠标右键，弹出智能检测工具，单击【GD&T 快速创建】图标，选择【平行度】选项，如图 5-116 所示。在弹出的【检验平行度】对话框中，将基准系统设为 C，根据图纸要求输入公差，如图 5-117 所示，单击【确认】按钮，检测结果如图 5-118 所示。

图 5-116　选择【平行度】

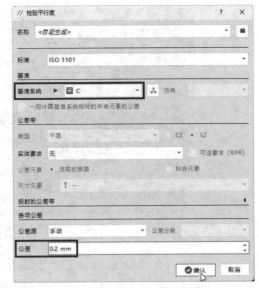

图 5-117　【检验平行度】对话框

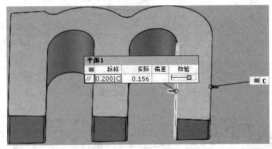

图 5-118　平行度检测结果

六、由几何元素对齐和 RPS 对齐

（一）由几何元素对齐

微课

由几何元素对齐和
RPS 对齐

由几何元素对齐是指，定义几何元素，通过把实际元素与标称元素对齐来锁定所有 6 个自由度。根据元素及其方向，可以锁定不同的平移和转动。第一个元素尽量多地锁定自由度；第二个元素尽量多地锁定剩下的自由度；第三个元素锁定剩余的自由度。

采用平面、直线和圆，进行由几何元素对齐的具体步骤如下。

（1）构造平面 2 并设置测量原理为【拟合元素】，如图 5-119 所示。

（2）选择【构造】→【截面】→【单截面】选项，弹出【构造单截面】对话框，【参考平面】设为平面 2，【位置】设为-8mm，如图 5-120 所示。使用【在曲面选择】功能，选择图 5-121 所示的区域，此时可以单击【构造单截面】对话框中的【创建】按钮。给刚创建的截面设置测量原理为【参考的构件】。

（3）仅显示步骤（2）创建的截面。选择【构造】→【线】→【自动成形线（标称）】选项，弹出【构造自动成形线（标称）】对话框，如图 5-122 所示。按住 Ctrl 键并单击以选择步骤（2）创建的截面，单击【创建】按钮，得到线 1，将其测量原理设置为【拟合元素】。

图 5-119　构造平面 2 并设置测量原理

图 5-120　【构造单截面】对话框

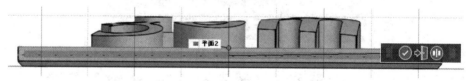

图 5-121　选择需要创建截面的区域

（4）选择【构造】→【截面】→【单截面】选项，弹出【构造单截面】对话框，【参考平面】设为平面 2，【位置】设为 9mm。使用【穿过曲面选择】功能，选择圆柱所在的区域，单击【创建】按钮，创建得到的截面如图 5-123 所示，将其测量原理设置为【参考的构件】。

图 5-122　【构造自动成形线（标称）】对话框

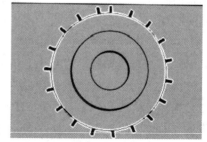

图 5-123　创建得到的截面

（5）仅显示步骤（4）创建的截面。选择【构造】→【圆】→【自动成形圆（标称）】选项，弹出【构造自动成形圆（标称）】对话框。按住 Ctrl 键并单击以选择步骤（4）创建的截面，单击【创建】按钮，得到圆 3，将其测量原理设置为【拟合元素】。

（6）选择软件右上角下拉列表中的【由几何元素】选项，如图 5-124 所示，弹出【由几何元素】对话框，如图 5-125 所示，【元素 1】选择【平面 2】选项，【元素 2】选择【线 1】选项，【元素 3】选择【圆 -03】选项，单击【确认】按钮。弹出【对齐迭代】对话框，如图 5-126 所示，单击【执行迭代】按钮。由几何元素对齐创建完成。

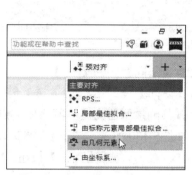

图 5-124　选择【由几何元素】选项

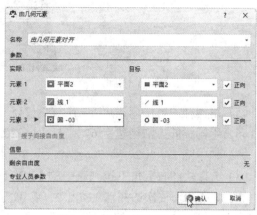

图 5-125　【由几何元素】对话框

（二）RPS 对齐

RPS 对齐是指定义各个点以锁定所有的 6 个自由度，在这些点处，CAD 模型与实际网格之间的偏差应该为 0 或尽可能为 0。这些点可以是曲面点，也可以是由几何元素得到的点。RPS 对齐一般需要 6 个点，这 6 个点一般由图纸给定，不能随意定义。具体步骤如下。

（1）选择【构造】→【点】→【曲面点】选项，弹出【构造曲面点】对话框，如图 5-127 所示，单击【编辑点】按钮，弹出【编辑点】对话框，输入点的坐标设为(-215, 140, 19)，如图 5-128 所示，单击【确认】按钮。在【构造曲面点】对话框中将【法向】设为【Z+】，单击【创建】按钮，创建得到的点 1 如图 5-129 所示。

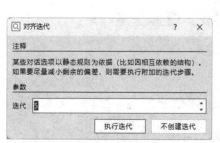

图 5-126　【对齐迭代】对话框

图 5-127　【构造曲面点】对话框

（2）用同样的方法创建点 2，坐标为(215, 140, 19)，【法向】设为【Z+】。

（3）用同样的方法创建点 3，坐标为(0, -140, 19)，【法向】设为【Z+】。

（4）用同样的方法创建点 4，坐标为(-215, -150, 12)，【法向】设为【Y-】。

图 5-128 【编辑点】对话框

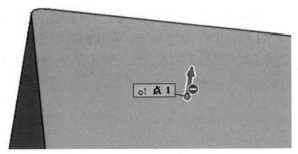

图 5-129 创建得到的点 1

（5）用同样的方法创建点 5，坐标为(215, −150, 12)，【法向】设为【Y−】。

（6）用同样的方法创建点 6，坐标为(−225, 0, 12)，【法向】设为【X+】。

（7）选中点 1、点 2、点 3、点 4、点 5、点 6，设置其测量原理为【与网格的交点】。

（8）选择软件右上角下拉列表中的【RPS】选项，如图 5-130 所示，弹出【RPS】对话框，如图 5-131 所示，依次选择点 1、点 2、点 3、点 4、点 5、点 6，单击【确认】按钮，RPS 对齐创建完成。

图 5-130 选择【RPS】选项

图 5-131 【RPS】对话框

【项目评价】

注塑件三维扫描测量评分参照表 5-1。

表 5-1　　　　　　　　　　　注塑件三维扫描测量评分表

序号	项目	考核内容	配分	得分	
1	设备标定	标定偏差满足要求	15		
2	注塑件扫描	采集注塑件的三维数据并输出为 STL 格式文件	15		
3	三维扫描软件的使用	彩图偏差比较	4		
4		彩图偏差标注	4		
5		截面偏差标注	4		
6		局部最佳拟合对齐	4		
7		构造圆柱	4		
8		构造平面	4		
9		构造交点	4		
10		构造截面	4		
11		检测圆柱直径	4		
12		检测长度	4		
13		检测圆柱之间的距离	4		
14		检测圆心距	4		
15		检测平行度	4		
16		由几何元素对齐	4		
17		RPS 对齐	4		
18	蓝光三维扫描仪操作规范		10		
合计			100	总得分	

【拓展训练】

根据给定样件的三维扫描数据 STL 文件、CAD 模型及其零件图纸，用 GOM 软件检测指定尺寸，样件三维图如图 5-132 所示。

图 5-132　样件三维图

检测要求如下。

（1）以图纸（见图 5-133）上 *A* 基准、*B* 基准、垂直度被测量面作为对齐基准，完成三维扫描数据与 CAD 数据对齐。

（2）完成彩图偏差比较、彩图偏差标注和截面偏差标注，其中截面与 *B* 基准面平行且距离为 49mm。

（3）完成图纸中具有公差要求的尺寸测量。

（4）完成图纸中几何公差的测量和评估。

（5）所有分析结果体现在检测报告（PDF 格式）中。

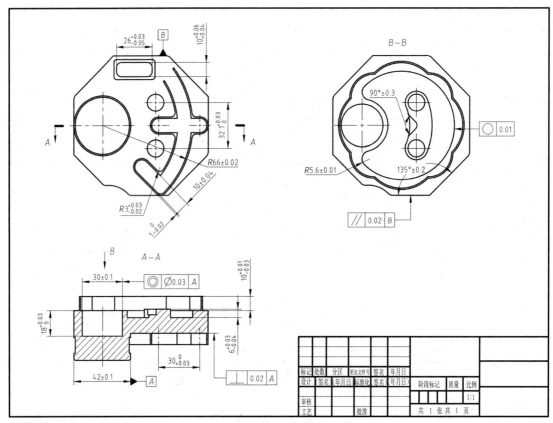

图 5-133　样件二维图